AF332435

MINISTÈRE DE L'AGRICULTURE

DIRECTION
DE L'HYDRAULIQUE ET DES AMÉLIORATIONS AGRICOLES

RAPPORT
SUR L'EXPLOITATION DES MARAIS

PAR

M. GÈZE

INGÉNIEUR-AGRONOME, PROFESSEUR SPÉCIAL D'AGRICULTURE
À VILLEFRANCHE-DE-ROUERGUE (AVEYRON)

PREMIÈRE PARTIE

(Extrait des *Annales*. — Fascicule 38.)

PARIS
IMPRIMERIE NATIONALE

1910

MINISTÈRE DE L'AGRICULTURE

DIRECTION
DE L'HYDRAULIQUE ET DES AMÉLIORATIONS AGRICOLES

RAPPORT
SUR L'EXPLOITATION DES MARAIS

PAR

M. GÈZE

INGÉNIEUR-AGRONOME, PROFESSEUR SPÉCIAL D'AGRICULTURE
À VILLEFRANCHE-DE-ROUERGUE (AVEYRON)

PREMIÈRE PARTIE

(Extrait des *Annales*. — Fascicule 38.)

PARIS
IMPRIMERIE NATIONALE

1910

<h1 style="text-align:center">TABLE DES MATIÈRES.</h1>

1.

LISTE ET EXPLICATION DES PLANCHES.

A. *La récolte des joncs.* Tableau du Salon de Paris (1907), par M. André Marchand, fait d'après nature, à Iteuil (Vienne), sur les bords du Clain.

B. Un marais de la Somme à Frise, près Péronne. (Cliché V. Brandicourt.)
Dans la moitié gauche : *Scirpus lacustris* (Gros Jonc).

159

RAPPORT

SUR L'EXPLOITATION DES MARAIS [1],

PAR M. J.-B. GÈZE,

INGÉNIEUR AGRONOME,

PROFESSEUR SPÉCIAL D'AGRICULTURE À VILLEFRANCHE-DE-ROUERGUE (AVEYRON).

PREMIÈRE PARTIE.

A. GÉNÉRALITÉS.

I. PRÉAMBULE.

Un marais est «un terrain couvert ou saturé d'une eau qui n'a pas d'écoulement suffisant».

Les marais occupent, en France, une grande étendue, qui est généralement considérée comme improductive; aussi les auteurs français qui en parlent se préoccupent-ils presque uniquement de les dessécher, pour les livrer ensuite à la culture. Lorsque cette opération peut être faite dans de bonnes conditions, et qu'elle a pour résultat d'*assainir* réellement le terrain, c'est à elle que l'on doit recourir pour se conformer aux prescriptions de l'hygiène.

Mais, dans bien des cas, des raisons économiques ou topographiques s'opposent au desséchement. Il est possible alors de retirer des marais des revenus considérables, en régularisant le régime des eaux et en utilisant les plantes qui s'y développent naturellement, ou que l'on peut y propager, soit pour l'agriculture, comme fourrage, litière ou engrais, soit pour l'industrie (empaillage des chaises, tonnellerie, vannerie, fabrication de nattes, de tissus, etc., et surtout du papier).

Je me propose, dans le travail suivant, d'étudier les moyens de tirer parti des terrains marécageux, sans les dessécher, mais en régularisant le régime de leurs eaux, pour permettre une meilleure exploitation de leur *production végétale*.

[1] Ce travail est le résultat de plusieurs missions dont m'a chargé le Comité d'études scientifiques institué près la Direction de l'Hydraulique et des Améliorations agricoles au Ministère de l'agriculture, en vue d'étudier tout d'abord l'exploitation des marais en Suisse (sous la direction des docteurs STEBLER et C. SCHROETER), Haute-Savoie et Camargue (1906), en Autriche, Bavière, Espagne et dans la moitié méridionale de la France (1907), puis pour faire des expériences de culture et de sélection de plantes palustres (1908).

Je dois témoigner ma reconnaissance à MM. DABAT, directeur de l'Hydraulique et des Améliorations agricoles; VASSILLIÈRE, directeur de l'Agriculture; H. DE LAPPARENT, inspecteur général de l'Agriculture; SCHRIBAUX, directeur de la Station d'essais de semences de Paris; FURBEYRE, inspecteur honoraire du Crédit foncier, lauréat de la prime d'honneur de l'Aveyron, à Villeneuve; DAUDOUX, ingénieur des

Je ne m'occuperai pas des produits animaux (chasse, pêche) qui constituent souvent le principal revenu des marais, ni des produits minéraux (sol, eau utilisée comme force motrice ou autrement, etc.). La tourbe elle-même, produit de transition entre le règne végétal et le règne minéral, a fait l'objet de travaux nombreux et importants qui me dispenseront de l'étudier.

II. DIVISION DU SUJET.

Nous passerons en revue les points suivants :

Importance des marais en France; importance des débouchés offerts à leurs produits; caractères généraux des marais au point de vue de l'eau, du sol, du climat (paludisme) et de la végétation; étude détaillée des plantes palustres les plus utiles, leur culture et leur exploitation;

ponts et chaussées, à Villefranche; Grisard, professeur, à Brive; Flahault, directeur de l'Institut botanique de Montpellier; Dʳ Carl Schroeter, directeur du Musée botanique de Zurich; Dʳ F. G. Stebler, directeur de la Station d'essais de semences de Zurich; H. Schreiber (Sebastiansberg, Bohême), Dʳ C. A. Weber (Brême), Dʳ H. de Feilitzen (Jönköping, Suède), Dʳ W. Bersch (Vienne), directeurs de stations expérimentales de cultures de tourbières; Dʳ E. M. Kronfeld, Conseiller impérial (Vienne); A. Fontès, à Valence (Espagne); Nussbaum, ingénieur, et Icardent, chef mécanicien de la Compagnie agricole de la Crau et des marais de Fos; E. Gadeceau, membre de la Société botanique de France, à Nantes; enfin à M. E. de Martonne, professeur de géographie à la Faculté des lettres de Paris, qui a eu l'extrême obligeance de revoir la partie de mon travail relative aux caractères généraux des marais.

Je tiens aussi à exprimer ma vive gratitude à MM. Battanchon et Brebéret, inspecteurs de l'Agriculture; Müntz, Girard, Rivet, Lindet, Hitier, professeurs à l'Institut agronomique; Gaston Bonnier, professeur à la Sorbonne; P. Sabatier, Roule et Dop, professeurs à la Faculté des sciences de Toulouse; F. Berthault, directeur des domaines du Crédit foncier;

D. Zolla, J. Danguy, Sicard, professeurs d'Écoles nationales d'agriculture;

Fliche, Henry, Guinier, professeurs à l'École forestière;

Launay, sous-chef de bureau, et Racagel, au Ministère de l'agriculture;

Carrier, inspecteur, Le Couppey de la Forest et Lahoyenne, ingénieurs des Améliorations agricoles; de Villechabrolle, Lagatu, Genin, Larue, Boillet, Fron, Giran, Troude, Coquidé, Souchois, Carvallo (Amposta, Espagne), Girona (Barcelone), ingénieurs agronomes;

Marre (Rodez), de Laroque (Marseille), Boiret (Annecy), Fancy (Ajaccio), L. Danguy (Nantes), R. Danguy (Angoulême), Guyonnet (Saint-Jean-d'Angély), Bodé (Tarbes), Muff (Albi), Jouvet (Lons-le-Saunier), Rozeray (Niort), Drouhault (Châteauroux), Bazangeon (Mont-de-Marsan), Breil (Pau), Desmoulins (Saint-Vallier), Fontaine (Angoulême), Grand (La Tour-du-Pin), Périer de la Bathie (Saintes), professeurs d'agriculture;

Norbert Rosapelly, agriculteur, à Vic-Bigorre (Hautes-Pyrénées); L. Austry, J. Couderc, A. Fraisse, H. Turq, à Villefranche; Dʳ Saunal, à Aubrac; Rigal, à Anglars (Aveyron);

Dʳ G. Pégot, L. Grandeau, Mᵐᵉ de Vilmorin, Everling, Malinvaud, Lutz, Hua, Poisson, Gagnepain, Bergeron, de Pistoye, Pagès, A. Marchand, à Paris;

Aressy, M. Bazille, Daveau, Dʳ Guanel, à Montpellier; Laveran, à Vendres (Hérault); Gastine, à Marseille; Chaffin, à Arles; Reynier, à Aix; P. Blanc, à Berre; Parneix, Blanc, Pelouzet et Jouve, à Fos (Bouches-du-Rhône); Arbost, à Nice; Santolyne, à Antibes (Alpes-Maritimes); capitaine Verguin, à Castres (Tarn); Duffort, à Masseube (Gers); Dʳ Lacroisade, Chauveaud, Guton, Bogardeau, Herbouillé, à Aigre, et Déclic, à Mouthiers (Charente); Dʳ Guillaud, à Saintes; Coupeaux, à Saint-Jean-d'Angély (Charente-Inférieure); G. Durand, à La Roche-sur-Yon; Dumas, à Nantes; Gastebois, à Saint-Lumine (Loire-Inférieure); Léveillé, au Mans; Houllier, à Abbeville (Somme); P. Hoffmann, à Roubaix (Nord); Bochalet, à Préty, et Mazoyer, à Rancy (Saône-et-Loire); Lamasse, à Bruyères (Vosges); Dʳ Paquy,

Principales utilisations des produits des marais, dans l'agriculture et dans l'industrie; application des notions acquises dans les chapitres précédents à l'aménagement et à l'exploitation des marais, en général, puis de certains d'entre eux pris comme exemples particuliers.

Voici d'ailleurs le plan détaillé de ce travail :

PLAN DÉTAILLÉ.

A. Généralités.
I. Préambule.
II. Division du sujet.
III. Importance des marais en France.
IV. Importance des débouchés pour les plantes de marais :
1. Importance des débouchés industriels : *a*. Empaillage des chaises; *b*. Sparterie et vannerie; *c*. Industrie textile; *d*. Papeterie; *e*. Autres industries.
2. Importance des débouchés agricoles : *a*. Fourrage; *b*. Litière; *c*. Engrais.

Dʳ Thiry, R. Maire, à Nancy; Mer, à Longemer (Meurthe-et-Moselle); Dʳ Le Roux, à Annecy (Haute-Savoie);

Les Dʳˢ A. Magnin (Besançon), E. de Wildeman (Bruxelles), R. von Wettstein (Vienne), Magocsy-Dietz (Budapest), Kousnetzov (Jourjew, Livonie), directeurs d'Instituts botaniques;

Martinet, à Lausanne; J. Brunhes et de Techtermann, à Fribourg; Streuli, à Uznach; Vᵛᵉ Schneider, à Fussach; Bille et Jeanrenaud, à Cernier; Kellerhals, à Witzwill (Suisse);

Les Dʳˢ H. Glück, à Heidelberg; A. Y. Grévillius, à Kempen (Rhein); Tacke, à Brême; G. Kükenthal, à Cobourg; A. Kneucker, à Karlsruhe; E. Figert, à Liegnitz; le consul de France, à Dantzig (Allemagne);

Dʳ Zailer et R. Miklaus, à Vienne; Dʳ R. Rapaich et M. Veres, à Budapest; Dʳ G. Antipa et P. Antonesco, à Bukarest; le consul de France, à Galatz (Roumanie); C. Lubkowski, à Varsovie; J. Dannfelt, à Stockholm; les Dʳˢ Lotsy et W. J. Jongmans, à Leyde; V. Alpe, à Milan; L. Vaccari, à Aoste (Italie);

De Valicourt, consul de France, Marti-Sanchis, directeur de la Ferme expérimentale, comte de Montonnès, Louise, Alino, Miro, à Valence; marquis de Gonzalès, J. M. Bedins, J. Carbo Tarraso, Vivès, à Gandia; Deloustal, Lavergne, Gès, Estapa, Poncar y Tio, Gorria, directeur de l'École d'agriculture, à Barcelone; Viscai, Andreu, à Alménara (Espagne);

H. L. Russel, à Madison (Wisconsin); C. B. Williams, à West-Raleigh (Caroline du Nord); A. Boss, à Saint-Paul (Minnesota); Fletcher, à Blacksburg (Virginie);

Et à beaucoup d'autres personnes, qui ont contribué à me documenter, ou m'ont servi de guides dans mes explorations.

Je remercie les industriels ou commerçants dont les noms suivent (chaisiers, vanniers, tonneliers, papetiers, marchands de joncs, etc.), qui emploient des produits de marais, d'avoir bien voulu me donner des renseignements très utiles :

MM. Tournemire et Klosten, à Villefranche; Lavit, Antérieux, Savignac, à Villeneuve (Aveyron); C. Barthe, à Albi; Brétenoux et Malric, à Rabastens (Tarn); Auriol, Cayrou, Dhers (Vᵛᵉ), Marignac, Méric, Naudy, Persillon, Sicre, Sirven, à Toulouse; Puech, à Cette; Landré frères, à Beaucaire; F. Percie du Sert, à Annonay (Ardèche); Girard, à Auxerre; Du Mont, à Bordeaux; Garot, à Villejésus (Charente); Allard, Chartier, Delaroux, Girard (Vᵛᵉ), Gohaud (Vᵛᵉ), Rouault, Rousseau, à Nantes; de Naeyer, à Willebroek (Belgique).

Enfin, je ne saurais oublier ceux qui ne sont plus : MM. Faure, inspecteur des Améliorations agricoles; Tallavignes, inspecteur de l'Agriculture, et le Dʳ D. Clos, directeur du Jardin botanique de Toulouse, qui m'ont constamment aidé de leurs encouragements et de leurs conseils éclairés.

Un grand nombre des figures qui ornent ce travail m'ont été prêtées par les éditeurs Paul Klincksieck (Paris) [Flore Coste], Naegele et Sproesser (Stuttgart) [Flore Wagner]; je leur en exprime mes remerciements. Les figures sans indications de source ont été faites par l'auteur du travail.

M. Gèze.

A. Généralités (*Suite.*).

    V.   Rôle social des industries qui utilisent les plantes de marais.

    VI. Utilité des marais.

    VII. Caractères des marais :

        1. Classifications des marais.

        2. Eau : *a.* Origine; *b.* Composition; *c.* Température; *d.* Mouvement; *e.* Abondance.

        3. Sol.

        4. Climat : *a.* Général; *b.* Local: *c.* Paludisme.

        5. Végétation : *a.* Caractères généraux; *b.* Caractères spéciaux.

B. Principales plantes utiles des marais.

        Caractères généraux des principales familles de plantes étudiées.

    I.   Graminées : *a. Phragmites communis* (Roseau commun); *b. Arundo Donax* (Grand Roseau); *c.* Bambous; *d.* Glycéries; *e. Phalaris arundinacea* (Alpiste roseau); *f. Molinia cærulea; g.* Autres Graminées.

    II. Cypéracées : *h. Carex stricta; i. Carex acuta; j. Carex riparia; k. Carex maxima; l. Carex ampullacea, disticha, filiformis, paludosa, vesicaria,* etc.; *m. Scirpus lacustris; n. Scirpus maritimus; o. Scirpus silvaticus; p. Eriophorum* (Linaigrettes); *q. Cladium mariscus; r. Schœnus nigricans; s.* Autres Cypéracées.

    III. *t.* Joncées.

    IV. Typhacées : *u. Typha* (Massettes); *v. Sparganium* (Rubanier).

    V.   Autres plantes utiles des marais : *w.* Iris; *x. Acorus calamus* (Roseau aromatique); *y. Lythrum salicaria; z.* Osiers. Plantes diverses.

C. Utilisation des plantes de marais.

    I.   Industrie : 1. Empaillage des chaises; 2. Tonnellerie; 3. Vannerie; 4. Sparterie; 5. Industrie textile; 6. Papeterie; 7. Industries diverses.

    II. Agriculture : 1. Fourrage; 2. Litière; 3. Engrais.

    III. Utilisations diverses.

D. Aménagement et exploitation des marais.

    I.   Aménagement, culture et exploitation en général.

    II. Application à quelques cas particuliers pris comme exemples.

    III. Expériences d'engrais et de sélection de plantes de marais.

E. Annexes.

    I.   Bibliographie.

    II. Instructions sur le paludisme.

    III. Papier de roseau. (Traduction du chapitre du traité d'Hofmann relatif à la fabrication du papier de roseau.)

Nota. Les nombres entre crochets, dans le courant du rapport, renvoient à la bibliographie, au numéro d'ordre de l'ouvrage cité.

III. IMPORTANCE DES MARAIS EN FRANCE.

D'après la statistique agricole décennale de 1892, la France possède 316,373 hectares de *terrains marécageux* et 38,292 hectares de *tourbières.* L'ensemble occupe 0.67 p. 100 du territoire total de la France.

Comme nous le verrons plus loin, les *tourbières* ne sont qu'une variété de *marais.* La distinction entre les *tourbières* proprement dites et les marais non tourbeux est, dans beaucoup de cas de la pratique, assez peu tranchée pour qu'on puisse souvent ranger un terrain donné, indifféremment sous l'une ou l'autre des deux rubriques *tourbières* ou *terrains marécageux*. Aussi, dans le tableau ci-dessous, les surfaces de ces deux catégories de terrains sont-elles réunies pour établir l'ordre d'importance des marais dans les divers départements français.

Voici, rangés dans l'ordre décroissant, les quinze départements qui renferment une proportion de *terrains marécageux* et de *tourbières* supérieure à 1 p. 100 de leur surface totale :

DÉPARTEMENTS.	TERRAINS MARÉCAGEUX.	TOURBIÈRES.	PROPORTION.
	hectares.	hectares.	p. 100.
1. Bouches-du-Rhône	45,156	269	8.85
2. Loire-Inférieure	11,198	7,223	2.65
3. Gard	15,006	104	2.62
4. Finistère	11,655	2,636	2.13
5. Landes	16,263	191	1.77
6. Charente-Inférieure	11,551	263	1.74
7. Somme	7,000	2,854	1.61
8. Basses-Alpes	8,277	1,290	1.37
9. Manche	7,171	873	1.35
10. Ain	7,424	238	1.32
11. Gironde	12,400	157	1.29
12. Alpes-Maritimes	4,904	35	1.26
13. Savoie	6,836	306	1.24
14. Haut-Rhin	641	5	1.06
15. Loir-et-Cher	6,393	133	1.03
ENSEMBLE de la France	316,373	38,292	0.67
Terrains marécageux et tourbeux de la France.	354,665 hectares.		0.67

Les *terrains marécageux* seuls occupent une surface presque égale à celle des cultures industrielles de betteraves et pommes de terre (317,917 hectares).

L'ensemble des terrains marécageux et tourbeux a une étendue supérieure à celle des *vergers* (343,537 hectares).

Les terrains qui nous intéressent font partie de la «superficie non cultivée du territoire agricole» au sujet de laquelle la *Statistique agricole de la France de 1892* contient la phrase typique suivante ([59], t. I, p. 233) :

«Les terrains de cette catégorie sont les landes, pâtis, bruyères, les sols rocheux ou montagneux, incultes, les *marécages* et les *tourbières, dont le produit est absolument nul ou tellement infime qu'il est inutile d'en faire mention.*»

Nous verrons pourtant que dans bien des cas les terres marécageuses peuvent donner un produit égal ou supérieur à celui de beaucoup de terres cultivées. Je ne crois pas exagérer en disant que presque toutes sont susceptibles de procurer un revenu supérieur à celui des forêts. Le rendement de celles-ci était évalué, en 1892, à 29 fr. 36 par hectare, en moyenne, pour les forêts communales ([59], t. I, p. 228), à 38 fr. 83 pour les forêts domaniales.

En comptant 30 francs seulement, par hectare, les marais et tourbières fourniraient, pour la France entière, un revenu net de 10,639,950 francs, soit environ *10 millions et demi*. Le produit brut serait à peu près le double, soit 21 millions, presque deux fois plus grand que le produit brut des *pépinières et oseraies* en 1892 ([59], p. 241).

J'ai vu, dans des circonstances favorables, le produit brut de marais exploités pour l'empaillage des chaises, atteindre 1,400 francs par hectare, et le produit net 700 francs.

Tous ces chiffres montrent clairement combien on a eu tort de considérer jusqu'ici en France les marais comme des terrains improductifs et de négliger complètement leur exploitation rationnelle.

IV. IMPORTANCE DES DÉBOUCHÉS POUR LES PLANTES DE MARAIS.

La majeure partie des plantes de marais est utilisée par l'agriculture, sous forme de fourrages, litières ou engrais.

Mais d'une façon générale, c'est l'industrie qui permet de retirer d'un sol marécageux le revenu le plus élevé : l'empaillage des chaises, la tonnellerie, la sparterie, la vannerie, l'industrie textile, la papeterie, font déjà, dans certains pays, une grande consommation de plantes aquatiques, qui ne cessera de s'accroître à mesure que l'on connaîtra mieux les qualités et le mode d'emploi de certaines espèces.

1. IMPORTANCE DES DÉBOUCHÉS INDUSTRIELS.

a. EMPAILLAGE DES CHAISES.

Jusqu'ici le principal débouché a été, dans la moitié méridionale de la France, l'empaillage des chaises *communes*. Le siège de celles-ci est formé, dans tout le Midi, de plantes de marais, recouvertes ou non de pailles de céréales (pl. XXI).

Aucune statistique n'indique l'importance de cette fabrication en France; c'est d'ailleurs un relevé difficile à faire, car l'empaillage des chaises a lieu le plus souvent à domicile, en famille, et l'Administration ignore le nombre des ouvriers qui y sont occupés.

D'après mes enquêtes personnelles, la production annuelle de la France serait d'au moins *dix millions de chaises* communes; les chiffres réels sont probablement beaucoup plus élevés, le double ou même peut-être le quadruple. Si nous prenons ce minimum pour base de calculs, le paillage de ces chaises coûterait 15 millions, occuperait 20,000 ouvriers, et emploierait environ 10,000 tonnes de joncs ou pailles; les joncs seuls y entrent au moins pour 5,000 tonnes, valant ensemble 1 million et demi.

Je le répète, ces nombres devraient être sans doute doublés ou même quadruplés.

Quelques exemples, pris au hasard, feront mieux saisir encore l'importance de ce débouché.

Les fabriques de chaises consomment une quantité considérable de plantes de marais : par exemple, le petit chef-lieu de canton de Rabastens (Tarn) en reçoit, pour deux chaisiers seulement, 18,000 à 25,000 kilogrammes par an, à 30 francs les 100 ki-

CHAISES COMMUNES DU MIDI DE LA FRANCE.

A. Chaise en *Carex* recouvert de paille de *Seigle* (Gaillac), laissant voir la constitution intérieure des chaises communes du Midi.

B. Chaise en *Carex stricta* recouvert de *Carex riparia* (centre), de *Maïs* (coins) et de paille de *Seigle* teinté (raies foncées). [Rabastens, Tarn.]

C. Chaise en *Carex stricta* recouvert de paille de *Seigle* (Albi).

D. Ensemble des trois chaises précédentes (A, B, C) et d'une quatrième (n° 4, au milieu) en *Typha latifolia* non recouvert de paille (Albi).

logrammes en moyenne : ces produits y arrivent en partie de l'Aveyron, mais surtout du Gard, des Bouches-du-Rhône, et même d'Italie et d'Espagne, par Cette; le port de Cette en reçoit plus de 150 tonnes par an de la province de Tarragone, à 20 francs les 100 kilogrammes en moyenne; soit 30,000 francs environ, pour la fabrication des chaises seulement.

Cela représente le paillage d'environ 300,000 chaises dont le travail est payé plus de 150,000 francs.

La ville de Nantes possède de nombreux chaisiers, qui fabriquent de 100,000 à 150,000 chaises communes par an; ils emploient, en moyenne, pour 15,000 francs de plantes de marais et payent près de 100,000 francs de salaires pour le paillage seul.

Enfin la petite commune de Rancy (près de Louhans, Saône-et-Loire), qui a seulement 738 habitants, fabrique, en moyenne, mille douzaines de chaises par mois, vendues de 30 à 80 francs la douzaine : cela fait donc près de 150,000 chaises par an, valant environ 500,000 francs. Cette production consomme annuellement 150,000 kilogrammes de *Carex stricta* (Laiche raide) [pl. XXIV, p. 201] qui vient des étangs de la Bresse et du Jura, ainsi que du Nord et de la Belgique, et dont la valeur est à peu près de 15,000 francs. L'empaillage des chaises occupe toutes les femmes de la commune et du voisinage [1].

Si de telles productions sont rares, il existe à ma connaissance beaucoup de localités qui fabriquent de 10,000 à 15,000 chaises par an. Une ouvrière habile fait de 1 à 2 chaises par jour, suivant la finesse du travail et l'importance du ménage dont elle s'occupe en même temps. Ce travail est payé de 0 fr. 50 à 2 francs par chaise, suivant les pays et la nature du paillage. Le fait de l'importation en France, pour l'empaillage des chaises, de grandes quantités de plantes palustres d'Espagne, d'Italie, de Belgique, etc., prouve que notre production est, sinon insuffisante, du moins mal organisée, et qu'il y a un grand intérêt à perfectionner l'exploitation de nos marais pour n'être pas obligé de recourir aux produits des pays voisins.

Nous avons importé en effet, en 1907, 10,988 tonnes de joncs, roseaux bruts et sparte, valant 4,066,556 francs, alors que nous en avons exporté seulement 515 tonnes, valant 309,000 francs [60].

En somme, la production des marais pour l'empaillage des chaises doit avoir en France à peu près la même importance que celle du chanvre, pour lequel l'État dépense chaque année des sommes considérables.

Si l'on tient compte du grand nombre de travailleurs qu'occupent la récolte, le triage et la vente de cette quantité de plantes palustres pour l'empaillage des chaises, on peut s'étonner qu'une telle industrie n'ait encore jamais fait l'objet d'une étude spéciale.

b. Sparterie et vannerie.

D'après le dernier recensement (1901), publié par le Syndicat des Osiéristes français, ces deux industries, que la statistique ne sépare pas, occupent environ 30,000 ouvriers ou patrons, soit exactement 10,605 travailleurs isolés, 7,524 patrons et 11,369 employés ou ouvriers occupés dans les établissements.

---

[1] Renseignements dus à l'obligeance de M. Battanchon, inspecteur de l'Agriculture, et de M. Mazoyer, maire de Rancy.

Beaucoup de plantes de marais servent à faire des liens (*Joncs, Massettes* [*Typha*] *Scirpes, Carex*), des cordes, des tresses, qui, à leur tour, permettent de fabriquer des nattes (pl. XXII, A), des tapis, des corbeilles, des chapeaux, des semelles de chaussures (sandales) et même des fauteuils entiers (pl. XXII, B). Les femmes et les enfants de villages entiers de certains départements (Somme, Yonne, notamment) [pl. XXII, C] sont occupés tout l'hiver à tresser le *Jonc des Tonneliers* (*Scirpus lacustris L*)[1] [pl. XXVI, p. 202]; (les plus habiles ouvrières arrivent à gagner ainsi plus de 2 francs par jour, et les marais où ce Gros Jonc est exploité rapportent jusqu'à 150 francs net par hectare dans la Somme.

En 1907, nous avons importé 211 tonnes et exporté 1,437 tonnes d'Osier brut ou écorcé valant respectivement 130,000 francs et 862,000 francs.

Le *Carex stricta*, employé en France surtout pour l'empaillage des chaises et en Suisse comme litière, est cultivé depuis une dizaines d'années aux États-Unis, dans le Minnesota et le Wisconsin, spécialement pour la fabrication de tissus très résistants, de nattes, de paillons de bouteilles, d'emballages, rembourrages, etc., le tout fait mécaniquement dans quatre grandes usines, appartenant notamment à «The American Grass Twine Co., Front and Mackubin Sts.» à Saint-Paul (Minnesota).

c. Industrie textile.

Certaines plantes aquatiques sont fort appréciées comme textiles, par exemple les Massettes (*Typha*) [pl. XXVIII, p. 204]. Peu employées jusqu'ici en France, elles sont utilisées dans les régions danubiennes et commencent, depuis trois ans, à prendre dans le commerce une certaine importance. Un grand industriel de Roubaix n'a pas craint de faire tout dernièrement un voyage en Hongrie, pour étudier sur place l'emploi du *Typha*, et l'Institut technique Roubaisien s'en occupe aussi activement. La Société Roumaine citée ci-dessous à propos de la cellulose, s'occupe également des fibres de *Typha*.

D'après les calculs de M. Dupont, qui essaya, dès 1873, à Nîmes, d'exploiter le *Typha*, la France pourrait produire facilement chaque année 100,000 tonnes de filasse de cette plante (P. Hoffmann [25], p. 368), alors que le lin n'en a fourni, en 1907, que 19,979 et le chanvre, 15,040.

Les propriétés du *Typha* semblent devoir le destiner à remplacer surtout le jute et le sparte. La France est très intéressée à cette substitution, car elle a importé en 1907: 115,900 tonnes de jute valant 69 millions et demi, contre une exportation de 1,746 tonnes valant 1 million. De plus elle a importé 21,983 tonnes de fibres diverses (*Phormium tenax, Abaca*, et végétaux filamenteux non dénommés) et 7,208 tonnes de fibres de Coco, Chiendent, Piassava et Iztle, ayant une valeur respective de 11 millions et 7 millions.

L'emploi industriel de plusieurs plantes de marais de notre pays permettrait de réduire beaucoup ces chiffres, au grand avantage des agriculteurs français.

d. Papeterie.

La papeterie constituera probablement, dans quelques années, le débouché le plus sûr et le plus important pour les produits des terres marécageuses.

---

[1] Dans le petit village de Fouencamps, à 12 kilomètres d'Amiens, sur 250 habitants, il y a 84 tresseuses de jonc, d'après M. V. Brandicourt [5 *bis*].

UTILISATION DU SCIRPUS LACUSTRIS.

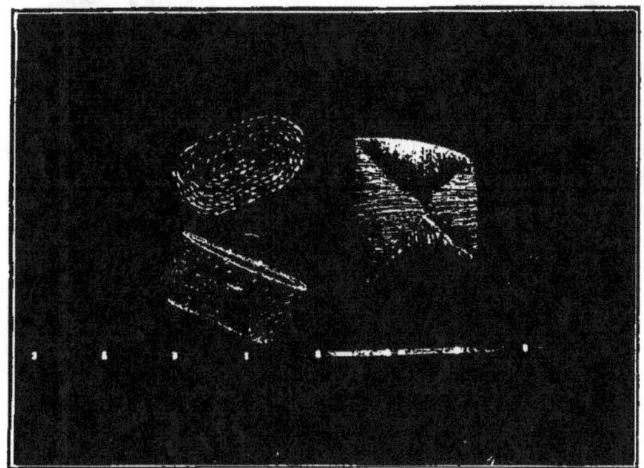

A. Fond de chaise, natte et panier, en *Scirpus lacustris* (Nantes).
Échelle 1/20 = 45 millimètres p. 1 mètre.

B. Fauteuils entièrement en *Scirpus lacustris*,
rapportés de Santarem (Portugal) par M. Daveau, professeur à Montpellier.

C. Le tressage des joncs (*Scirpus lacustris*) dans la Somme à Fouencamps, près Amiens
(Cliché V. Brandicourt.)

La consommation du papier dans le monde subit un accroissement tellement rapide, qu'il effraie certains forestiers : la France à elle seule consomme annuellement plus de 1 million de tonnes de papiers et cartons, dont les quatre cinquièmes sont fournis par le bois. (LINDET [36], p. 261); elle a importé, en 1907, 286,200 tonnes de pâte de bois.

La note suivante, parue dans la *Revue scientifique* du 2 mars 1907 (p. 287), montre bien le grand intérêt de la question :

« *Le papier et la forêt*. — 30,000 journaux quotidiens du monde consomment 1,000 tonnes de bois par jour, et comme il paraît, en moyenne, 200 livres journellement, on atteint une consommation annuelle de plus de 375,000 tonnes de pâte pour papier d'impression, rien qu'en journaux, livres et revues, sans compter les prospectus, et, à plus forte raison, les papiers à écrire, dont il est usé une quantité respectable, les papiers d'emballage, etc.

« Chaque année il disparaît *un milliard et quart* de mètres cubes de bois pour la nourriture intellectuelle de l'homme, dont 900 millions aux États-Unis qui dévorent terriblement de papier, contre 350 millions en Europe, dont la France fournit environ 6 millions et demi.

« En tout cas il paraît urgent de songer à perfectionner l'industrie chimique de la fabrication du papier, et de trouver un succédané inépuisable du bois : sans quoi le développement de l'intellectualité humaine risque d'entraîner un déboisement complet du globe, et de rendre, finalement, toute vie impossible sur la terre. A l'ingéniosité de l'homme d'aviser. »

Il y a là, à n'en pas douter, un danger imminent, dont il est temps de s'émouvoir et auquel il importe de chercher un prompt remède. Le succédané que l'auteur précédent réclame, ne le trouverons-nous pas dans la production des marais?

Les marais, en effet, peuvent, dans une grande mesure, venir en aide aux forêts pour fournir la matière première du papier.

Les *Roseaux Phragmites* (pl. XXX, p. 205), par exemple, alimentent de nombreuses papeteries : aux États-Unis, plusieurs fabriques de pâte à papier utilisent les produits de l'immense marais appelé *Dismal Swamp* « marais sinistre », qui couvre une surface de 1,500 kilomètres carrés dans la Virginie et la Caroline du Nord; dans l'Allemagne du Nord, notamment autour de Dantzig, existent aussi des usines de la même nature; en Roumanie, une puissante société, ayant à sa tête M. KARL DE HATVANY-DEUTSCH, a obtenu, en 1906, de l'État, la concession, pour trente ans, des terres marécageuses du delta du Danube, pour en convertir les *Typha* en fibres textiles et les Roseaux en cellulose, suivant le procédé inventé par M. KARL LEMBERGER, qui dirige la construction d'une usine fondée dans ce but à Braïla [1]; en Belgique, diverses fabriques de papier, notamment la célèbre maison DE NAEYER, ont utilisé des Roseaux.

D'après M. EVERLING, directeur de l'importante revue *Le Papier* et traducteur de l'ouvrage fondamental de C. HOFMANN, *Praktisches Handbuch der Papierfabrikation*, il suffirait probablement, pour entretenir une papeterie, de lui fournir par jour 10 tonnes de Roseaux, que l'usine pourrait payer 1 fr. 50 les 100 kilogrammes. Cela

---

[1] Renseignements donnés par M. ANTONESCO, professeur à l'École forestière de Bucarest, M. le consul de France à Galatz, et M. le Dr G. ANTIPA, inspecteur général au Ministère de l'agriculture et des domaines à Bucarest.

correspond à la production moyenne d'un hectare de bon marais roselier. Il faudrait donc environ 300 hectares dans de bonnes conditions.

Les Roseaux ne permettent de produire avantageusement que du papier d'emballage, car le blanchiment coûterait trop cher.

D'autres plantes palustres ont été employées dans certains pays à faire du papier : le *Cladium Mariscus*, en Espagne; le *Schœnus nigricans*, dans les marais de Fos (Bouches-du-Rhône); la *Molinie* dans d'autres localités.

Dès 1784, on fabriquait en France, à Montargis, du papier d'impression avec des plantes aquatiques (M. Maurice L. de Vilmorin); en 1786, Léorier-Delisle y fit paraître un volume dont certains feuillets étaient en papier de Roseaux (Rostaing [50], p. 5).

On peut donc être rassuré sur l'écoulement des produits des marais : il suffit de reprendre, en France, les pratiques abandonnées depuis plus d'un siècle, en y appliquant les perfectionnements adoptés par les autres pays.

e. Autres industries.

Beaucoup d'autres industries utilisent les plantes des terrains marécageux : tonnellerie, industrie chimique (pharmacie, matières colorantes, etc.), constructions, etc.; mais je n'ai pu me procurer aucun chiffre qui donne une idée de la quantité de matières premières qu'elles emploient.

2. Importance des débouchés agricoles.

Presque tous les pays qui possèdent des marais, surtout ceux des climats secs (région méditerranéenne), font une grande consommation de leurs produits comme fourrages, litières ou engrais. Nous verrons, par exemple, en parlant du Roseau commun (*Phragmites communis*) que les roselières peuvent donner des revenus nets considérables, atteignant 200 francs par hectare, par la vente des Roseaux comme fourrage ou litière. Mais l'importance de ces divers débouchés dans l'ensemble de la France n'est donnée par aucune statistique.

V. RÔLE SOCIAL DES INDUSTRIES QUI UTILISENT LES PLANTES DE MARAIS.

Plus que jamais l'on peut dire que «l'agriculture manque de bras». Malgré le perfectionnement des machines agricoles, il devient de plus en plus difficile de travailler les terres, faute d'ouvriers.

La dépopulation des campagnes a été attribuée à des causes multiples; une des principales est l'exode des paysans vers la grande ville, où les attirent l'espoir d'un salaire plus élevé et l'attrait des plaisirs. Ils ne songent pas que les dépenses augmentent dans une proportion plus forte encore que les recettes, et que la santé, condition première du bonheur, est souvent compromise par le séjour à la ville.

Les moyens proposés pour remédier à cette déplorable tendance sont encore plus nombreux que les causes du mal. Aucun ne semble suffisant pour le détruire. L'un des meilleurs remèdes préconisés consiste à améliorer le sort de l'ouvrier de la campagne en augmentant ses revenus; pour cela, il suffit de lui procurer du travail en morte-saison, et d'en donner à tous les membres de la famille, même aux vieillards, aux femmes et aux enfants, trop faibles pour se livrer aux rudes travaux des champs. La petite industrie rurale, en un mot, semble devoir atténuer la crise dont nous souffrons, en retenant à la campagne les ouvriers qui y trouveront l'aisance et, par suite, le bien-être.

Il s'est formé à Paris, en 1907, sous les auspices de la «Fédération nationale des sociétés provinciales de Paris», un comité pour le relèvement des petites industries paysannes, propres à chacune de nos provinces, et que les progrès mécaniques, la concurrence de la grande industrie nationale et internationale ont presque fait disparaître.

A ce point de vue, l'utilisation des plantes de marais joue déjà un certain rôle qui pourrait s'accroître encore considérablement.

L'empaillage des chaises, le tressage des joncs pour en faire des cordes, des nattes, des corbeilles, des paniers, des emballages, etc., beaucoup d'autres petits travaux peuvent être exécutés avec les plantes des marais, en hiver, à la maison, par tous les membres de la famille; le travail est facile, n'exige pas de force physique ni de long apprentissage, il ne demande pas d'installation coûteuse, on peut le laisser et le reprendre à tout instant; il permet à la mère d'utiliser ses moments perdus, tout en surveillant ses enfants, en soignant son pot-au-feu; elle peut gagner ainsi de 1 à 3 fr. par jour, suivant son habileté, le temps dont elle dispose et le milieu où elle se trouve.

Nous avons vu que, dans certaines régions, les femmes et enfants de villages entiers sont occupés à empailler des chaises ou à tresser des joncs. Il serait utile de perfectionner ou de développer cette fabrication dans beaucoup de localités où elle est encore peu connue. On pourrait, comme on le fait pour la vannerie, notamment en Allemagne (Viard [67], p. 1253), encourager la production de modèles nouveaux, par des concours ou des récompenses attribuées aux inventeurs. Les ouvriers vanniers ont, en général, des salaires aussi élevés, sinon plus, en Allemagne qu'en France, et pourtant ils nous inondent de leurs produits, grâce à une meilleure organisation du travail et à une instruction professionnelle supérieure.

VI. UTILITÉ DES MARAIS.

Dans son magistral exposé des *Progrès de la géographie botanique depuis 1884* ([19], p. 302 et 304), M. Flahault, parlant du travail de Woeikoff, relatif à l'action que l'homme exerce sur la terre, écrit (1907) :

«Il (l'homme) agit utilement lorsqu'il régularise le débit et assure l'utilisation de l'eau. Il fait œuvre utile lorsqu'il livre à la circulation des eaux stagnantes, presque toujours nuisibles...

«Dans quelques cas pourtant, on reconnaît aujourd'hui la nécessité de ménager les marais des grandes plaines, sources des fleuves. Les fleuves de la Russie, en particulier, prennent leur source dans d'immenses plaines couvertes de marais qu'entouraient jadis des forêts étendues. On s'y est acharné, pendant un quart de siècle, à dessécher les marais, à détruire les forêts, pour étendre aussi loin que possible la zone agricole. Forêts et marais semblaient posséder une réserve inépuisable d'humus. C'était, aux yeux des économistes, la possibilité d'étendre presque indéfiniment la zone éminemment fertile des terres noires. Mais voici que des cris d'alarme se sont fait entendre de tous les points de la Russie, depuis quinze ans surtout. Ingénieurs, météorologistes, botanistes, ont examiné la question et reconnu le mal...

«Dans les montagnes de l'Europe centrale et occidentale aussi, il faut voir dans les hautes tourbières, assez étendues parfois, des sources qu'il importe de ne pas tarir. On a cru pendant longtemps à la nécessité de les drainer, de les assainir, comme on disait en France; on s'imaginait trouver sous les tourbières desséchées des sols agricoles d'une extrême richesse; on s'est trouvé en présence de sols formés d'humus acide qui ne produisent que de mauvais herbages, à moins qu'on ne leur donne les éléments de fertilité qui leur manquent. En raison de l'altitude à laquelle elles se trouvent et du climat qui les a produites, elles tendent sans cesse à se reformer, déjouant ainsi les efforts de l'homme. Les réduire est donc une tentative onéreuse et souvent vaine; en outre, en les desséchant, nous supprimons ces éponges qui absorbent d'énormes quantités d'eau au temps des pluies et les filtrent lentement ou les rendent à l'atmosphère pour le plus grand bien du climat et de la végétation.»

VII. CARACTÈRES GÉNÉRAUX DES MARAIS. CONDITIONS D'EXISTENCE.

SOMMAIRE.

1. CLASSIFICATIONS :
   - *a.* Classification générale des marais (Dʳ J. FRÜH, 1904).
   - *b.* Classification détaillée des marais de nos régions (d'après le Dʳ J. FRÜH, *in* «STEBLER et SCHRŒTER», 1892).
   - *c.* Tourbières (A. DE LAPPARENT).
   - *d.* Distinction des tourbières hautes et des tourbières plates (Dʳ C. SCHRŒTER).
2. EAU :
   - *a.* Origine :
       - A. Atmosphère.
       - B. Sol :
           - α. Sources; β. Rivières.
   - *b.* Composition :
       - A. Matières dissoutes :
           - α. Gaz; β. Chaux; γ. Sel marin; δ. Substances nutritives solubles (engrais).
       - B. Matières en suspension (limon, minerai de fer).

2. EAU (*Suite.*) :
   - *c.* Température.
   - *d.* Mouvement.
   - *e.* Abondance :
       - Degrés d'humidité. Zones de M. A. MAGNIN.
3. SOL :
   - Composition physique.
   - Composition chimique. Rôle du calcaire. Rôle de l'humus.
4. CLIMAT :
   - *a.* Climat général.
   - *b.* Climat local.
   - *c.* Paludisme.
5. VÉGÉTATION :
   - *a.* Caractères généraux.
   - *b.* Caractères spéciaux.

Les marais peuvent être classés de diverses manières. Après l'exposé des meilleures classifications connues, nous étudierons en détail les principaux facteurs des marais, c'est-à-dire : 1. l'eau; 2. le sol; 3. le climat; 4. la végétation, qui est elle-même sous la dépendance des trois facteurs précédents.

1. Classifications des marais.

a. Classification générale.

Les marais ont des origines et des aspects si variés, suivant les pays et les situations, qu'il est extrêmement difficile d'en donner une classification générale, à la fois simple et complète, pouvant s'appliquer à tous les marais du globe.

Le Dr Früh a présenté, en 1904, avec beaucoup de réserves, un essai de ce genre, dans le bel ouvrage *Die Moore der Schweiz* (Les tourbières de la Suisse [21], p. 296-299). Comme il le dit lui-même, cette classification ne semble pas devoir être définitive : à première vue, elle paraît un peu compliquée et, d'autre part, certaines formes de marais se trouvent à la fois placées dans plusieurs catégories.

Je m'occupe depuis trop peu de temps de ces questions délicates, pour avoir la prétention de faire mieux que l'éminent professeur de géologie du Polytechnikum de Zurich, qui, depuis plus de quarante ans, étudie avec un talent incontesté les marais et tourbières du monde entier.

Je me contenterai donc de résumer les grandes lignes de la classification générale du Dr Früh, pour donner ensuite, avec plus de détails, d'après divers auteurs, les classifications de certaines formes de marais les plus fréquentes dans nos régions.

ESSAI DE CLASSIFICATION GÉOMORPHOLOGIQUE DES MARAIS
par le Dr J. Früh (Résumé).

L'auteur distingue tout d'abord deux grands groupes, suivant que les marais sont constitués d'eau *salée, sans* tourbe, ou au contraire d'eau *douce, avec* tourbe.

(A) *Marais d'eau salée ou saumâtre, marais côtiers, sans formation de tourbe.*

Les uns communiquent librement avec la mer (marais à Palétuviers, à Graminées, prés salés, bancs vaseux, prés de Zostera); les autres, sans communication directe avec la mer, se transforment le plus souvent peu à peu en tourbières d'eau douce (tourbières de dunes, de lagunes, de delta).

(B) *Tourbières d'eau douce, avec formation de tourbe.*

On peut les classer : 1° d'après l'eau qui les constitue; 2° d'après la forme des lieux; 3° d'après leur section transversale.

1. Classement des tourbières d'eau douce d'après l'*eau* qui les constitue.

L'eau peut être considérée au point de vue de sa *nature* et de son *origine*.

1a. D'après la *nature* de l'eau (sa teneur en matières minérales), on distingue :

(a) Les tourbières *terrestres*, ou *supraaquatiques*, alimentées par des eaux météoriques pures, très pauvres en minéraux dissous, produisant une tourbe pauvre en cendres (« Tourbières hautes », « Hochmoore »).

(*b*) Les tourbières *infraaquatiques*, résultant de l'apport d'eaux minéralisées, et produisant de la tourbe riche en cendres («Tourbières plates », «Flachmoore»).

1*b*. Classement d'après l'*origine* de l'eau :

(*a*) Tourbières dont l'eau provient des *profondeurs* du sous-sol (la plupart des tourbières de Hollande, Silésie, etc.).

(*b*) Tourbières de *sources*, de *suintements*, d'*infiltrations*. Ne se distinguent pas toujours nettement du type précédent.

(*c*) Tourbières à eau stagnante, résultant, dans les contrées calcaires, de l'obstruction des gouffres absorbants («bétoire», «Katavothra»).

(*d*) Tourbières de *rivières*. Résultent, soit de l'abandon d'un bras de la rivière (bras mort) («Altwassermoore»); soit du débordement de la rivière en temps de crue, suivi du séjour de l'eau sur une plaine rigoureusement nivelée (Amazone); soit des infiltrations d'une rivière endiguée (Po, Danube, etc.).

(*e*) Tourbières *lacustres* ou *limniques*. Elles occupent, soit les bords d'un lac (surtout à l'amont), soit toute son étendue à la suite de son comblement progressif.

2. Classement d'après la *forme des lieux* (classification *géomorphologique*).

A ce point de vue, on distingue les tourbières : (*a*) de *plateaux;* (*b*) de *terrasses;* (*c*) de *ligne de partage des eaux* (cols, crêtes de montagnes, etc.), qui DISPERSENT l'eau et les matières minérales, ce qui favorise la production des «tourbières hautes» («Hochmoore»). Au contraire, les tourbières (*d*) de *pentes;* (*e*) de *vallées;* (*f*) de *cirques* et de *dolines* (dépressions dans les Causses), RASSEMBLENT l'eau et les matières minérales, d'où prédisposition à la formation de «tourbières plates» («Flachmoore»).

3. Classement d'après la *section transversale* de la tourbière.

Cette considération sépare encore les *tourbières hautes (Hochmoore)*, *bombées au milieu*, des *tourbières plates (Flachmoore)*, plates ou légèrement déprimées au milieu, mais *jamais bombées.*

Ces deux classes fondamentales de tourbières sont surtout nettement caractérisées par leur végétation, comme nous le verrons plus loin.

Remarque. Rarement les grandes tourbières présentent un caractère unique. Le plus souvent elles doivent être classées, suivant leurs parties, dans des catégories différentes.

b. CLASSIFICATION DÉTAILLÉE DES MARAIS DE NOS RÉGIONS.

On peut adapter aux marais d'eau douce ou saumâtre de nos régions la classification proposée par le même D^r FRüH pour les prairies plus ou moins aquatiques de la Suisse (STEBLER et SCHROETER [61], *Wiesentypen*, p. 69), classification basée sur la nature du substratum (minéral ou organique), l'origine du marais et sa proportion d'eau.

1. Le marais repose sur un *substratum minéral* (argileux, siliceux ou calcaire) et reçoit de l'eau *tellurique*, c'est-à-dire de l'eau qui est restée quelque temps en contact avec la terre, et qui contient par suite une certaine quantité de matières minérales (eau de source, de lac, de rivière ou de mer).

(A) Le sol du marais est constitué par des *atterrissements* sur les bords d'une masse d'eau libre (formation *successive* ou *centripète*) : à partir du bord, le terrain s'avance progressivement vers l'eau profonde; ces atterrissements tiennent à deux causes :

1° La *sédimentation*, dépôt des limons en suspension dans l'eau, favorisé par le calme dû à l'enchevêtrement des plantes du rivage;

2° L'*atterrissement* proprement dit, produit par le développement de la végétation elle-même, qui gagne peu à peu sur l'eau, et dont les débris contribuent à élever le sol : il se fait donc un double colmatage.

Les plantes du bord de l'eau peuvent être fixées par leurs racines sur le sol du rivage, ou bien composer seulement un gazon solide qui nage à la surface de l'eau, et constitue les *tremblants* (Früh et Schroeter [21], p. 19), fréquents sur les rives tourbeuses de certains lacs. Les tremblants peuvent même se détacher du rivage « et former des *îlots flottants* qui ont la même structure et la même flore que les bords et les marais voisins; l'épaisseur de la couche flottante formée par l'enchevêtrement des rhizomes et des racines est en moyenne de 50 à 80 centimètres; l'île dépasse à peine de 10 centimètres la surface de l'eau; ces îlots sont ordinairement temporaires; après s'être déplacés à la surface du lac, poussés par le vent et les vagues, quelquefois pendant des années, ils finissent par se ressouder à un point quelconque du rivage ». (Magnin, *Lacs du Jura* [38], p. 360.)

Les atterrissements marécageux couvrent souvent de grandes surfaces à la *tête* (bout amont) des étangs ou lacs un peu allongés (lacs de Genève, de Zurich, de Constance, etc.), ou à l'embouchure des fleuves, où ils forment quelquefois un *delta* (Rhône, Ebre, Nil, etc.).

Les plantes aquatiques qui jouent le plus grand rôle pour fixer les rivages mouvants sont, dans nos régions, le *Roseau Phragmite* (*Phragmites communis*, L.), le *Gros Jonc* (*Scirpus lacustris*, L.) et, dans les eaux saumâtres, le *Scirpe maritime* (*Scirpus maritimus*, L.).

Ce mode de formation du sol des marais peut présenter deux cas différents :

(*a*) Atterrissement sur les bords d'une eau *stagnante* (mer, lac, étang, mare, place d'extraction de tourbe, bras mort d'une rivière).

(*b*) Atterrissement sur le bord d'une eau *coulant avec lenteur* (fossé, ruisseau, rivière).

(B) Le marais n'est pas précédé d'une nappe d'eau profonde sur laquelle il gagne peu à peu, mais il se forme d'un seul coup sur toute la surface d'un terrain envahi par l'eau pendant un temps plus ou moins long (formation *simultanée*, pour ainsi dire *en eaux fermées*, « *in geschlossenen Gewässern* »).

A cette classe appartiennent la plupart des « prairies acides », des « prés-litières » (« Streuewiesen »), des « prés palustres » (« Sumpfwiesen ») de la Suisse; les étangs marécageux situés à côté de l'embouchure de certains fleuves (étang de Vendres, près de l'embouchure de l'Aude, étangs de la Camargue, lac de Grandlieu et Grande-Brière, près de l'estuaire de la Loire, etc.), ou le long des côtes de la mer dont ils restent séparés par une langue de terre (étangs des Landes, du Languedoc, etc.).

On peut distinguer ici encore trois cas principaux, suivant le mouvement de l'eau :

(*a*) L'eau *séjourne* dans des excavations à sol imperméable, ou sur un plan horizontal. Ces conditions nuisent aux bonnes Graminées, mais favorisent les Cypéracées de petite taille.

(*b*) L'eau *se meut lentement* et *seulement sous terre*, sur un plan faiblement incliné (« naissant d'eau »), « terrain seigneux » (Suisse), suintement (« Bergschweiz »), ou le long des rivières (au pied des digues). Le mouvement de l'eau, en apportant constamment aux racines une nourriture nouvelle, est très propice à l'accroissement des grandes plantes de marais : *Roseaux*, grands *Carex*, etc.

(*c*) L'eau *se meut aussi à la surface du sol*, mais lentement et sur de plus grandes étendues (plaines submergées le long des rivières, prairies irriguées par ruissellement). Dans ces conditions, c'est le *Roseau Phragmite* qui se développe le mieux jusqu'à ce que la formation d'une couche suffisante de tourbe le fasse reculer devant l'envahissement des *Carex*.

Dans tous les cas précédents, le substratum reste le plus souvent minéral (sable, limon, argile), mais il peut aussi se former une couche plus ou moins puissante de *Tourbe* (« Moorboden »). Ceci se produit lorsque la quantité d'eau est suffisante pour mettre obstacle à l'accès de l'air et à la putréfaction, et pour effectuer ainsi la transformation en tourbe des parties mortes des plantes (pré tourbeux, « Wiesenmoor »).

2. Le marais repose sur un *substratum organique*, et ne reçoit que de l'eau *atmosphérique* (météorique); le sous-sol est alors toujours de la *tourbe*. Quand l'humidité fournie par l'eau atmosphérique (pluie, brouillard, neige, grêle, gelée blanche) est suffisante, et que l'eau tellurique, chargée de matière minérale (surtout de chaux), est retenue par le substratum, les *Sphaignes* (espèces diverses de *Sphagnum*) ont la possibilité de se développer, associées à toute une série de plantes calcifuges, phanérogames et cryptogames, qui forment un *gazon de tourbière haute* (« Hochmoor-Rasen »). Grâce aux innombrables cavités de leurs petites feuilles, les sphaignes ont la propriété d'absorber l'eau comme une éponge (de 17 à 23 fois leur propre poids). « Aussi, dans les pays humides, se développent-elles avec une grande vigueur, pourvu toutefois que les eaux qui les entretiennent soient limpides et que la température extérieure ne soit pas trop élevée (6 à 8 degrés). Quand ces deux conditions sont réalisées, les sphaignes croissent rapidement, s'alimentant des neiges, des pluies et des brouillards. A mesure que cette végétation se développe en hauteur, les touffes meurent du pied. Mais leur décomposition a lieu à l'abri de l'air, sous la couche d'eau que ces mousses ont aspirée, qu'elles retiennent avec énergie et où leur base est toujours immergée. Aussi la matière organique, au lieu de passer en totalité dans l'atmosphère sous la forme d'acide carbonique, ne subit-elle qu'une combustion incomplète, donnant naissance à ce produit particulier qu'on appelle la *tourbe*. » (LAPPARENT [31], p. 346.)

c. TOURBIÈRES.

D'après A. DE LAPPARENT ([31], p. 345), « les *tourbières* sont des lieux humides ou marécageux, dans lesquels s'accomplissent, sous la protection de l'eau, la décomposition lente de certaines matières végétales et leur transformation en un combustible nommé *tourbe*, tenant le milieu entre le règne organique et le règne minéral».

Le même auteur a divisé les tourbières de la manière suivante ([31], p. 345-358) :

1. Tourbières des pentes (*marais émergés* de quelques auteurs);

2. Tourbières des plaines, tourbières à sphaignes, correspondant aux *bogs* de l'Irlande (*blak bogs*, tourbières noires, dans les plaines, et *red bogs*, tourbières rouges, sur les pentes), aux *Torfmooren* de l'Allemagne du Nord, aux *veenen* de Hollande (*hooge veenen*, tourbières hautes, *lage veenen*, tourbières basses), au *Dismal swamp* (marais sinistre) des États-Unis;

3. Tourbières des vallées, dépourvues de sphaignes, mais peuplées de mousses du genre *Hypnum* et de *Carex*, en milieu calcaire (vallée de la Somme);

4. Tourbières des hautes vallées;

5. Tourbières de forêts et de bois flottés.

Cette classification est excellente sans doute au point de vue géologique et géographique, mais la division plus simple, généralement admise en Allemagne, en *Tourbières hautes* et *Tourbières basses*, caractérise mieux la *végétation* des diverses catégories de tourbières, aussi adopterai-je ce dernier classement, car c'est précisément de la *végétation* des terrains marécageux que nous avons à nous occuper dans ce travail.

Il est nécessaire d'insister sur la distinction de ces deux espèces de marais, car les plantes qui y prospèrent diffèrent presque entièrement.

Le Dr Carl Schroeter a donné, je crois, le tableau le plus clair des caractères distinctifs des *Tourbières hautes* et des *Tourbières basses*, dans son magistral ouvrage [21], *Die Moore der Schweiz* (Les tourbières de la Suisse), en collaboration avec le Dr J. Früh (Zurich, 1904). Cette monographie est l'étude d'ensemble la plus récente et la plus complète sur les tourbières et la tourbe, aux points de vue géologique, chimique, botanique, historique, géographique et économique.

Je traduis textuellement ci-dessous la plus grande partie du tableau du Dr Schroeter, ([21], p. 12-15)[1].

d. Caractères distinctifs des tourbières hautes et des tourbières plates.
par le Dr C. Schroeter (1904).

---

(1) *Flachmoor* (Tourbière plate).

1. *Synonymes.* — *Grünlandsmoor* (Tourbière verte), *Wiesenmoor* (Pré tourbeux); *Rasenmoor* (Tourbière à gazon), *Niedermoor* (Tourbière basse); *Flächenmoor* (T. des plaines), *Kalkmoor* (T. calcaire); *Dargmoor*; *Niederungsmoor, Tiefmoor* (T. des bas-fonds); *Infraaquatisches Moor* (Lesquereux, 1844) (T. infra-aquatique); *Laage veen* [Hollande], (T. basse); *Gräsmyr, Starrmyr* [Norvège], *Gräskjar* [Groenland], *Gräsmossar, Kjaermossar* [Danemark], *Tilgroede Kjern*.

Bas-marais, marais immergé, marais lacustre (Lesquereux, 1844).

Flat-bog [Angleterre]; *Alláp* [Hongrie]; *Slating* [Bohême].

---

[1] Je tiens à remercier encore le Dr C. Schroeter d'avoir eu l'amabilité de revoir cette traduction.

2. *Relations avec l'EAU.* — Prend naissance sous l'influence d'une eau *riche en matières minérales*, surtout en *calcaire*.

Eau de constitution toujours et exclusivement *tellurique*.

Prend naissance le plus souvent *au-dessous* du niveau général de l'eau dans la localité (*infraaquatique*), peut cependant s'accroître au-dessus de ce niveau.

Dans certains cas, le «Flachmoor» se forme aussi dans une eau pauvre en matières minérales, si elle coule et apporte ainsi continuellement de nouvelle nourriture.

3. *Relations avec le CLIMAT.* — Prend naissance dans les régions à précipitations atmosphériques abondantes ou faibles pourvu que le sol soit pourvu d'eau.

Fig. 99.
Alnusglutinosa GAERTN.
Aulne (WAGNER).

Fig 100.
Betula alba L.
Bouleau blanc (WAGNER).

4. *LOCALISATION et MODE DE FORMATION :*

(*a*) Formation *progressive*, par atterrissement au bord d'une eau libre, riche en matières minérales : lacs, étangs, bras morts de rivière, fossés. *Verlandungsmoor* (T. d'atterrissement, T. de rivage, marais *lacustre*).

(*b*) Formation *simultanée*, sur des plaines envahies par l'eau, sans préexistence d'eau libre (marais *non lacustre*).

5. *COUVERTURE VÉGÉTALE.* — Surface *plate* (horizontale dans les tourbières d'atterrissement, faiblement inclinée dans les tourbières de rivières et de sources, fortement inclinée dans les tourbières de pentes), d'où le terme de «*Flachmoor*», «*Tourbière plate*».

Restreinte aux portions de plaines pourvues d'eau tellurique, ne s'étend pas au delà.

Mode d'expansion horizontale propre, uniquement *centripète* par l'atterrissement; les parties *les plus anciennes* sont donc *à la périphérie*.

CONSTITUTION DE LA COUVERTURE VÉGÉTALE. — Prépondérance des *Glumiflores*, surtout des *Cypéracées*, ainsi que des *Graminées*, puis des *Juncacées*, entremêlées de beaucoup de plantes dicotylédones.

MOTTES DE CAREX STRICTA.

A. Un marais dans les Landes (Morcenx, mai 1908).
Cliché F. Bernède, Arjuzanx-Morcenx.

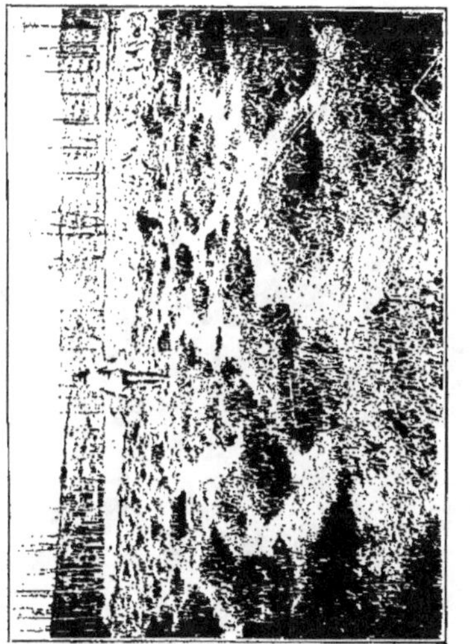

B. Marais de Salles-Courbatiez (Aveyron), 27 mars 1907.

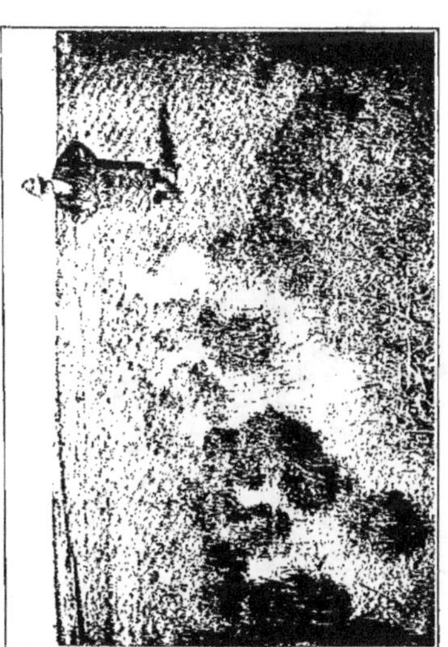

C. Marais d'Anglars (Aveyron), 21 avril 1907.

Plantes ligneuses, notamment *Alnus* (Aune) [fig. 99], *Betula* (Bouleau) [fig. 100] et *Frangula* (Bourdaine) [fig. 101].

« *Bülten* » (îlots, mottes) formés de *Carex*, notamment de *Carex stricta* (fig. 102 et pl. XXIII).

Parmi les mousses, prépondérance des *Hypnées*.

Pas de Sphagnum (Sphaignes), *pas d'Éricacées* (Bruyères), *pas d'Empetrum* (Camarine).

La plupart des plantes qui constituent le *Flachmoor* se trouvent aussi, à l'état isolé, dans le *Hochmoor*.

Fig. 101.
Rhamnus frangula L.
Bourdaine (WAGNER).

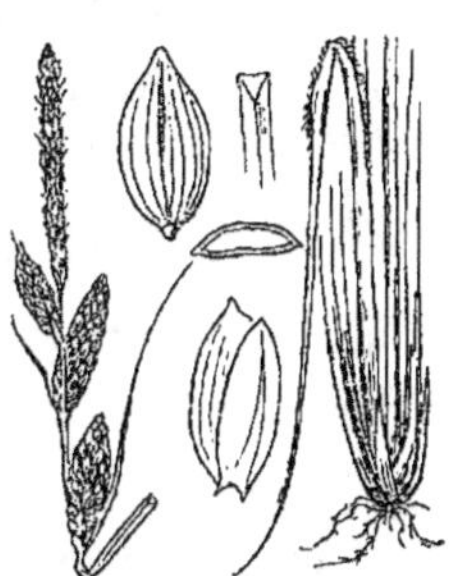

Fig. 102.
Carex stricta GOOD.
Laiche raide (COSTE).

(2) *HOCHMOOR* (TOURBIÈRE HAUTE).

1. SYNONYMES. — *Sphagnum-Moor* (Tourbière à Sphaignes); *Moosmoor* (T. à Mousses); *Haidemoor* (T. à Bruyères); *Haiden* (Landes de Bruyères), *Säuren* (T. acides, aigres) [Erzgebirg]; *Filz* (feutre) [Bavière, Böhmerwald, Riesengebirg]; *Moosbruch* (marais à mousses); *Bültenmoor* (T. à mottes) [Brême]; *Doose* [Ems, Eider]; *Lohen* [Egerland, Franken].

Hooge veen (T. haute); *Witte veen* (T. blanche); *Graauw veen* (T. grise); *Zwarte veen* (T. noire) [Hollande]; *Mossmyr* (T. à mousse) [Norvège]; *Hvitmossar* (T. blanche) [Suède]; *Lyngmoser* (T. à bruyères).

Haut-marais, marais émergé, supraaquatique (LESQUEREUX, 1844).

Raised-bog (marais élevé) [Angl.]; *Felláp* [Hongr.].

2. *Relations avec l'EAU*. — Prend naissance sous l'influence d'une eau *pauvre en matières minérales*, surtout en calcaire.

L'eau peut être :

(*a*) *Tellurique*, mais alors toujours sur un sol pauvre en calcaire (limon, argile, sable, rocher, tourbe), et seulement au début de la formation de la tourbière;

(*b*) *Atmosphérique* : dans les stades ultérieurs, la tourbière absorbe assez d'eau dans l'air pour pouvoir se passer d'un apport par le dessous (*supraaquatique*), c'est-à-dire qu'elle n'utilise pas l'eau riche en matières minérales provenant du sous-sol.

3. *Relations avec le CLIMAT.* — Prend naissance et se développe uniquement dans les contrées à précipitations atmosphériques abondantes, tempérées et froides, car les Sphaignes (*Sphagnum*), qui les constituent principalement, exigent beaucoup de précipitations et redoutent une température élevée.

4. *LOCALISATION et MODE DE FORMATION :*

(*a*) Formation *progressive*, par atterrissement au bord d'une eau douce, pauvre en matières minérales.

(*b*) Formation *simultanée :*

(1) Sur le sable stérile mouillé du sol des landes, par l'envahissement du *Sphagnum* (tourbières des landes de l'Allemagne du Nord, d'après GRÆBNER).

(2) Sur un rocher siliceux dénudé, arrosé par ruissellement ou par submersion (côte occidentale de la Suède et de la Norvège, d'après WARMING). — Sur un sol argileux.

(3) Sur l'humus des forêts et des landes (rarement en Suisse).

(4) Sur la tourbe d'une tourbière plate («Flachmoor») préexistante (mode de formation de beaucoup le plus fréquent en Suisse).

5. *COUVERTURE VÉGÉTALE.* — Le «Hochmoor» s'accroît en hauteur au-dessus du substratum avec une *surface bombée*, en forme de verre de montre (comme un segment sphérique, section plane de sphère), d'où le terme de «*Hochmoor*», «*Tourbière haute*». Mode d'expansion propre *centrifuge*, témoignant un accroissement indépendant du sous-sol, s'étendant sur les collines et les pentes. *Parties les plus anciennes au milieu;* ruisseau de «Hochmoor» en «Rüllen» s'écoulant radialement autour du milieu de la tourbière; les talus des bords s'accentuent peu à peu, sont par suite de plus en plus fortement privés d'eau, et s'avancent, toujours plus lentement.

Le «Hochmoor», accumulant l'eau atmosphérique, transforme en marais les terrains environnants, indépendamment de l'eau tellurique.

Les plantes associées aux Sphaignes doivent être adaptées à la rapide croissance en hauteur de leur substratum.

CONSTITUTION DE LA COUVERTURE VÉGÉTALE. — Constituants essentiels : *Sphagnum* (Sphaignes), de diverses espèces, et autres mousses, d'où le nom de «Moosmoor» (tourbière à mousses).

Bryales, surtout les espèces des genres *Polytrichum, Aulacomnium, Bryum, Paludella* et *Hypnum.*

Beaucoup d'*Éricacées: Oxycoccus* (Canneberge) [fig. 103], *Andromeda* [fig. 104], *Calluna* (Bruyère commune) [fig. 105], *Vaccinium* (Airelles, 3 espèces) [fig. 106, 107 et 108] et *Empetrum* (Camarine) [fig. 109].

Plantes ligneuses, notamment : *Pinus montana uncinata* (Pin à crochets) [fig. 110], *Betula pubescens* et *nana* (Bouleau pubescent [fig. 111] et Bouleau nain) [fig. 112].

«Bülten» (îlots, mottes) formés de *Sphagnum* et des touffes de *Eriophorum vaginatum* (Linaigrette engaînée) [fig. 113] et *Trichophorum* (*Scirpus*) *caespitosum* (Scirpe gazonnant) [fig. 114].

Fig. 103.
Oxycoccus palustris Pers.
Conneberge (Coste).

Fig. 104.
Andromeda polifolia L.
Andromède à feuille de polium
(Coste).

Fig. 105.
Calluna vulgaris Salisb.
Bruyère commune (Coste).

Fig. 106.
Vaccinium myrtillus L.
Airelle myrtille (Wagner).

Fig. 107.
Vaccinum Vitis Idaea L.
Airelle ponctuée (Wagner).

Fig. 108.
Vaccinium uliginosum L.
Airelle des marais (Coste).

Fig. 109.
Empetrum nigrum L.
Camarine (Coste).

Fig. 110.
Pinus montana Lam.
Pin de montagne (Coste).

Fig. 111.
Betula pubescens Ehrh.
Bouleau pubescent (Coste).

Les plantes caractéristiques des «Hochmoore» (*Sphagnum, Éricacées, Empetrum, Eriophorum vaginatum*) manquent sur le «Flachmoor», et sont détruites dans le «Hochmoor» par un arrosage avec de l'eau riche en matières minérales, surtout en calcaire.

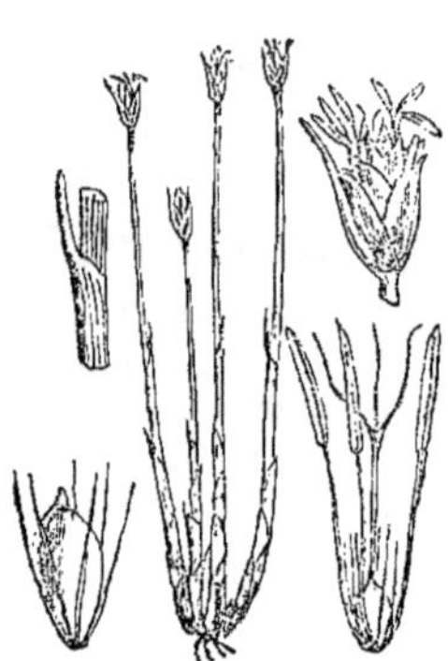

<table>
<tr><td align="center">Fig. 112.
Betula nana L.
Bouleau nain (WAGNER).</td><td align="center">Fig. 113.
Eriophorum vaginatum L.
Linaigrette engainée (WAGNER).</td><td align="center">Fig. 114.
Scirpus caespitosus L.
Scirpe gazonnant (WAGNER).</td></tr>
</table>

Remarque. — L'expression « *Tourbière-haute* » n'indique pas que cette tourbière soit nécessairement située à une grande altitude, elle peut aussi bien exister au niveau de la mer.

2. Eau.

Parmi les facteurs des marais, le premier, l'eau, joue un rôle essentiel, puisque, sans eau, les marais n'existeraient pas.

L'eau des marais peut être considérée à divers point de vue :

a. Origine; *b.* Composition; *c.* Température; *d.* Mouvement; *e.* Abondance.

a. Origine de l'eau des marais.

L'eau des marais peut provenir : α. de l'*atmosphère* (eau *atmosphérique* ou *météorique*); β. du *sol* (eau *tellurique*).

Nous avons vu que l'eau atmosphérique suffit à alimenter les *Tourbières hautes*, tandis que les autres genres de marais reçoivent aussi des eaux telluriques. Celles-ci sont fournies, soit par les sources, soit par les cours d'eau.

Les eaux de *sources* sont le plus souvent limpides, mais contiennent fréquemment en solution diverses matières que nous étudierons plus loin. Leur température est en général peu variable, comme nous le verrons en parlant du climat. Si elle est élevée, elle favorise la végétation, notamment sa précocité et sa durée; si elle est basse c'est l'inverse.

Les eaux de *cours d'eau* au contraire, en plus des substances dissoutes, renferment une certaine quantité de matières en suspension, qui les rend plus ou moins troubles, suivant les moments et suivant la nature des terrains dont elles proviennent. Leur température varie beacoup avec les saisons.

b. Composition de l'eau des marais.

Tandis que pour la répartition des plantes terrestres, la chaleur et l'humidité du climat ont plus d'importance que la nature chimique du sol, pour les plantes aquatiques, la composition chimique de l'eau est le facteur principal; sa température ne vient qu'en second rang (Schimper [54], p. 817-818).

Les matières contenues dans l'eau s'y trouvent soit en *dissolution*, soit en *suspension*.

A. **Matières en solution dans l'eau.** — Parmi les matières dissoutes dans l'eau des marais, celles qui ont le plus d'influence sur leur végétation sont : les gaz, la chaux, le sel marin, et les substances nutritives solubles.

α. Gaz de l'eau. — L'oxygène et l'acide carbonique de l'air sont indispensables à la respiration et à la fonction assimilatrice des plantes. Ces gaz se dissolvent dans l'eau à la faveur de son agitation : les eaux stagnantes en contiennent fort peu; la proportion de gaz que l'eau peut dissoudre diminue très rapidement quand la température s'élève : à 20 degrés elle est presque deux fois plus faible qu'à 0 degré.

Les bonnes herbes des prairies ne peuvent supporter cette privation d'air; seules les plantes palustres y sont adaptées, grâce au grand développement du tissu aérifère [dont les cavités occupent quelquefois jusqu'à 70 p. 100 du volume de la plante] (Costantin [9], p. 220) et grâce à diverses autres particularités de structure ou de forme (pneumatophores) que nous verrons plus loin (p. 195).

Même parmi les espèces palustres, il en est de plus exigeantes les unes que les autres, et l'on doit tenir grand compte, dans le peuplement artificiel d'un marais, du degré d'aération de l'eau de ses différentes parties.

La diminution de la solubilité des gaz dans l'eau quand la température s'élève est d'autant plus préjudiciable à la végétation, que l'activité respiratoire des racines augmente d'une façon continue avec la température, presque proportionnellement à celle-ci, jusqu'à une certaine limite, située au delà de 40 degrés, où elle cesse tout à coup (Van Tieghem [65], p. 218).

C'est donc quand les racines auraient le plus besoin d'air pour respirer qu'elles en trouvent le moins à leur portée.

On pourrait, semble-t-il, rapporter en partie à cette cause le fait que certaines plantes supportent la stagnation de l'eau dans les climats froids, alors qu'elles exigent une eau plus agitée, plus aérée, dans les climats plus chauds. Par exemple le *Typha latifolia* (Massette), qui prospère dans le centre de la France et en Suisse dans les flaques d'eau stagnante, les trous de tourbière, ne se développe vigoureusement, dans les marais d'Amposta, à l'embouchure de l'Èbre (Espagne), que dans les courants assez forts, et y périclite dans les eaux dormantes.

On ne devra donc pas se hâter d'appliquer inconsidérément, dans les marais du Midi, les résultats d'observations ou d'expériences faites dans ceux du Nord ou dans des régions montagneuses.

β. *Chaux.* — Certaines sources de terrains calcaires renferment une grande proportion de chaux (quelquefois plus de 160 gr. par mètre cube) [Joulie], à l'état de bicarbonate. En arrivant à l'air, une partie de l'acide carbonique se dégage, et le carbonate neutre se dépose, soit au fond de l'eau, sous forme de tuf, soit sur l'épiderme des plantes qu'il recouvre d'une croûte pierreuse; ce revêtement calcaire nuit beaucoup aux échanges gazeux des hydrophytes; il n'y a qu'un petit nombre d'espèces qui le supportent sans trop en souffrir, entre autres le *Schœnus nigricans* et le *Cladium mariscus*.

A une certaine distance de la source, l'eau, suffisamment dépouillée de son excès de calcaire, convient à des plantes beaucoup plus variées.

Nous avons vu, dans la classification des marais (p. 172, 176, 177, 180), l'importance de la chaux pour distinguer les *tourbières basses* des *tourbières hautes*, dont les plantes caractéristiques (Sphaignes, etc.) sont tuées par le calcaire.

γ. *Sel marin.* — Le sel marin, mélange où domine le chlorure de sodium (78 p. 100 environ), a une influence de tout premier ordre sur la végétation des plantes *aquatiques*, surtout sur celles qui vivent entièrement immergées : il permet de diviser ces dernières en deux classes bien tranchées, les *halophytes aquatiques*, qui ne peuvent pas se passer de sel, et les *non-halophytes aquatiques*, qui ne peuvent pas le supporter (Schimper [54], p. 817).

Les *halophytes terrestres* au contraire peuvent, pour la plupart, vivre dans des sols privés de sel; on les trouve plus fréquemment ou même exclusivement sur les terrains salés, parce qu'elles souffrent moins que les autres plantes de la présence du sel : on doit voir là un effet de la concurrence vitale, plutôt que le résultat d'une préférence des halophytes pour les terrains salés; la résistance des halophytes terrestres à une forte dose de sel est due probablement à ce qu'elles en absorbent moins que les non-halophytes.

Les plantes *palustres* semblent se rapprocher à ce point de vue des plantes terrestres plus que des plantes entièrement aquatiques. Du moins la plupart des espèces des eaux saumâtres se développent aussi bien dans les eaux douces, pourvu qu'elles n'aient pas à lutter contre des espèces plus vigoureuses.

Le degré de salure de l'eau présente un réel intérêt pour le choix des plantes à multiplier dans les marais du bord de la mer.

Ce degré de concentration du sel dépend à la fois de la proportion d'eau douce et d'eau de mer qui alimentent le marais, de l'intensité de l'évaporation, et du degré de salure de la mer elle-même. On sait qu'à ce point de vue il y a de très grandes différences suivant les régions : tandis que l'eau de la mer Rouge, vraie cuve surchauffée, contient 43 grammes de sel par kilogramme d'eau, celle de la Méditerranée n'en contient que 38 environ, celle de l'Atlantique ne dépasse pas 37 sous les tropiques, et la proportion diminue en allant vers le Nord ou vers le Sud. Certaines mers sont moins salées encore : la mer Noire n'a que 19 grammes de sel par kilogramme d'eau, enfin, la mer Baltique 8 grammes dans sa partie occidentale, 1 à 5 grammes seulement dans le golfe de Bothnie (10 à 40 fois moins que la Méditerranée), aussi certaines plantes des eaux douces (*Potamogeton pectinatus*) peuvent-elles y vivre (Gidel et Clarou [24] p. 286; Warming [68] p. 131).

«Il ne paraît pas qu'aucune plante soit capable de résister à l'action du sel marin en solution supérieure à 2 ou 3 p. 100.» (Flahault, [19] p. 273).

Les plantes palustres utilisables qui semblent supporter le mieux l'eau salée sont les *Scirpus maritimus* et *Tabernaemontani* (WARMING [68] p. 316). D'autres espèces plus nombreuses, que nous étudierons plus tard en passant en revue les principales plantes de marais, tolèrent encore une certaine dose de sel, mais à un degré de concentration moins élevé que les deux espèces précédentes.

δ. Substances nutritives dissoutes dans l'eau des marais. — La quantité et la nature de ces substances dépendent de l'origine des eaux et de la composition des couches de terrains que ces eaux ont traversées ou arrosées.

Les éléments de fertilité les plus utiles à considérer sont la chaux dont nous avons déjà vu le rôle, l'azote, l'acide phosphorique et la potasse. Ce sont les substances que l'on apporte, sous forme d'engrais, dans les terres cultivées.

L'action des *engrais* sur les plantes de marais, particulièrement les *Cypéracées*, est généralement considérée comme nuisible : les Drs STEBLER et SCHROETER, savants qui ont le mieux étudié, au point de vue agricole, les plantes des terrains marécageux, ont même écrit ([62] p. 130) à propos du *Carex sempervirens* : « Cette plante recule devant les engrais de ferme (fumier, purin); au pâturage, elle ne se montre jamais sur les reposoirs et les places bousées : *cette antipathie pour l'engrais lui est commune avec toutes ses congénères* [1]. »

Il est vrai que, dans les prairies ou les pâturages les engrais donnent encore plus de vigueur aux Graminées et aux Légumineuses qu'aux Cypéracées, de sorte que celles-ci sont étouffées par les plantes des deux premières familles; mais lorsqu'un excès d'humidité nuit au développement des bonnes Graminées fourragères et des Légumineuses (ce qui se réalise dans les marais), les Cypéracées profitent des engrais, et ceux-ci augmentent la quantité et la qualité des produits. Cette opinion résulte : 1° de l'observation de certains marais exploités en Espagne; 2° des expériences que j'ai entreprises.

1° La France reçoit chaque année d'Espagne plusieurs centaines de tonnes de plantes palustres (*Typha, Carex,* etc.), employées dans le Midi à l'empaillage des chaises et à la tonnellerie. Ces produits sont préférés à ceux des mêmes espèces récoltées en France, parce qu'ils sont plus longs et plus souples. La supériorité des plantes d'Espagne tient en grande partie, je crois, à la richesse des eaux qui alimentent les marais d'où elles proviennent. Ces marais sont formés en effet par les écoulages des rizières, fortement fumées avec des engrais chimiques; de plus, dans l'un des centres de production les plus appréciés que j'ai visité à l'embouchure de l'Ebre, l'eau qui sert à arroser les rizières est déjà très riche avant d'y entrer, car elle est toujours chargée d'un limon extrêmement fertile.

2° Dans une série d'expériences en cours, sur l'application des engrais chimiques à diverses plantes palustres (*Carex, Scirpus, Typha*), j'ai constaté, pendant deux années de cultures *en pots*, l'action prépondérante des engrais azotés, qui augmentent dans des proportions énormes le nombre et les dimensions des tiges et des feuilles : sans azote,

---

[1] Voici ce que dit sur le même sujet A. BOITEL [4 *bis*] : « L'absence de cet élément (potasse) est une cause de succès pour les Joncées et les Cypéracées... L'eau stagnante, l'acidité du sol, sa pauvreté en calcaire, en acide phosphorique et en potasse, sont autant de causes qui favorisent le développement des Joncs et des Carex, tandis qu'elles affaiblissent et détruisent la végétation des bonnes plantes. Il faut donc assainir le terrain et l'enrichir des éléments réclamés par les Graminées et les Légumineuses si on veut que celles-ci prennent le dessus et triomphent de ces mauvaises plantes. »

pas de récolte utilisable par l'industrie. L'acide phosphorique agit comme l'azote, mais à un degré moindre. Quant à la potasse, son rôle n'a pu être encore nettement défini.

En plein marais, sur sol calcaire, le sulfate d'ammoniaque (200 à 400 kilogr. par hectare) a beaucoup accru aussi la quantité et la qualité de la récolte des *Carex*. Le superphosphate ajouté au sulfate d'ammoniaque a paru avoir une heureuse influence. Les scories de déphosphoration et le sulfate de potasse ont, au contraire, semble-t-il, nui indirectement aux *Carex* en favorisant davantage les plantes des autres familles. Ces résultats confirment et expliquent l'opinion des D⁰ˢ STEBLER et SCHROETER, car les engrais de ferme contiennent de la potasse et de l'acide phosphorique qui contribuent, indirectement, à faire reculer les *Carex* devant de meilleures plantes fourragères.

Les expériences de M. J. MASSART [40], dont il sera question plus loin (p. 211), confirment aussi l'influence très nette des matières nutritives dissoutes dans l'eau sur la végétation de certaines plantes de marais.

B. **Matières en suspension dans l'eau des marais.** — Les matières en suspension dans l'eau des rivières constituent le *limon*; la proportion de limon contenu dans l'eau varie énormément suivant la saison et la nature des terrains traversés par les rivières, elle atteint 36 grammes par litre dans l'eau du Var en temps de crue. (RISLER et WÉRY [47], p. 129.) Les marais formés par le débordement des rivières en reçoivent donc de grandes quantités, qui contribuent à les colmater. On observe ce fait à l'embouchure de beaucoup de fleuves.

Ce limon est formé surtout des particules les plus fines de la surface des terres cultivées, entraînées par le ruissellement des eaux de pluie; il contient le plus souvent une grande quantité de principes fertilisants et apporte ainsi une nourriture abondante aux plantes de marais. Nous venons de voir (p. 183) que ce sont les marais alimentés par des eaux limoneuses qui fournissent en Espagne les plus beaux produits au point de vue de la qualité et de la quantité.

Les eaux chargées de limon ne conviennent pas aux tourbières hautes, dont les constituants principaux, les Sphaignes, sont tuées, particulièrement par les limons calcaires (voir Classification des marais, p. 180).

On trouve encore, en suspension dans l'eau des marais, des matières qui n'y ont pas été apportées telles quelles par les eaux qui les alimentent, mais qui s'y forment peu à peu, en particulier des dépôts ocreux dont l'origine est encore mal connue (FRÜH [21], p. 232-235); WOLLNY [69], *Annales Agron.*, 1899, t. II. p. 385) : ils sont constitués de diverses combinaisons du fer, plus ou moins oxydé et carbonaté, avec des matières organiques, humus, tannin ou corps analogues. On les appelle, suivant les pays : *Limonite* (BEUDANT), *minerai de fer des tourbières*, *Bog iron Ore* (Angl.), *Yzeror* (Holl.), *Myrmalm* (Danem.), *Sumpfeisen*, *Sumpferz*, *Wiesenerz*, *Eisenocker*, etc. (Allem.).

Certains auteurs ont cru pouvoir attribuer ces dépôts couleur de rouille à l'action de bactéries ou d'algues microscopiques, *Oscillariées*, *Diatomées*, *Conferves*, etc. : *Galionella ferruginea* (LAPPARENT [31], p. 357); *Psichohormium antliarium* KÜTZ; *Leptothrix ochracea* KÜTZ = *Cladothrix dichotoma* COHN = *Crenothrix Kühniana* RAB. (FRÜH [21], p. 234); *Schizothrix coriacea* GOMONT (HÉTIER [37], p. 199), etc. D'autres auteurs croient l'oxydation des combinaisons ferro-organiques possible sans l'intervention des êtres vivants. Bref, la formation du *minerai de fer des tourbières* demande encore de nouvelles recherches.

c. Température de l'eau des marais.

La température de l'eau des marais dépend de l'*origine* de cette eau (voir p. 180), et du *climat* (voir plus loin p. 191). Elle varie beaucoup moins d'un moment à l'autre de la journée ou de l'année que celle des sols secs du voisinage.

La température de l'eau a, sur la végétation des hydrophytes, une action *directe* (influence générale de la température sur l'activité de la végétation), et une action *indirecte*, par son influence sur la quantité de gaz dissous dans l'eau (voir p. 181).

d. Mouvement de l'eau dans les marais.

Le mouvement de l'eau a une très grande importance pour la répartition des plantes dans un marais. Il agit à la fois de deux manières sur la végétation :

1°. En favorisant l'*aération* de l'eau : comme nous l'avons vu (p. 181) par suite de la diminution de solubilité des gaz de l'atmosphère dans l'eau, jointe à l'augmentation de l'activité respiratoire des racines, quand la température s'élève, le mouvement de l'eau est d'autant plus nécessaire à la prospérité des plantes palustres que le climat est plus chaud;

2° En mettant constamment à la portée des racines des hydrophytes les matières *nutritives* dissoutes dans l'eau.

Les exigences des diverses espèces à ce point de vue sont très différentes, et on ne doit pas l'oublier lorsqu'il s'agit de constituer la végétation d'un marais : il faut tout d'abord se rendre compte de la rapidité du renouvellement de l'eau dans chacune de ses parties.

Quand l'eau a un mouvement, faible mais continu, on y voit prospérer beaucoup d'espèces qui ne se seraient pas développées dans un marais à eau dormante. L'eau qui se renouvelle rapidement et continuellement favorise encore plus la végétation, mais les conditions les meilleures se trouvent réalisées quand l'eau ruisselle en couche mince à la surface du sol.

Par exemple (comme nous le verrons plus tard), le *Carex acuta* exige un ruissellement abondant et craint l'eau stagnante; un ruissellement plus lent suffit au *Carex paludosa*; enfin les *Carex ampullacea*, *vesicaria* et *filiformis* peuvent prospérer même dans une eau tout à fait stagnante.

Le mouvement de l'eau aide beaucoup à la *multiplication* des hydrophytes (en brisant leurs rhizomes qui forment une bouture naturelle et reproduisent un nouveau pied), et à leur *dissémination* (en transportant plus ou moins loin ces fragments végétatifs ou les graines des plantes aquatiques).

Pour résister à l'action mécanique de l'eau, les hydrophytes ont une structure spéciale; les tissus de soutien ou de protection sont d'autant plus développés que l'espèce est adaptée à une eau plus agitée.

e. Abondance de l'eau dans les marais.

Suivant que l'eau est plus ou moins abondante, elle favorise la prédominance de plantes différentes. Il est donc nécessaire de bien caractériser la proportion d'eau d'un marais, en utilisant des procédés de détermination faciles à appliquer sans instrument spécial.

Les marais étant intermédiaires entre les sols secs et les eaux profondes, ils peuvent présenter tous les degrés d'humidité compris entre ces deux extrêmes.

Il est possible de ranger un terrain donné, d'après la quantité d'eau qu'il renferme ou qui le recouvre, dans l'une des catégories suivantes (STEBLER, *Streuewiesen* [63], p. 6 ; SCHROETER et KIRCHNER, *Bodensee* [58], p. 15 ; MAGNIN [38], p. 12-15, 400-402, 415) :

(A). Sol *aride* (au sens étymologique), très sec (« *dürr* » en allemand) : l'humidité est si faible que le sol se met en poussière lorsqu'on le triture bien.

(B). Sol *sec* (« *trocken* ») : il ne se met pas en poussière, mais cependant ne fait pas éprouver la sensation d'humidité **quand on le presse dans la main**.

(C). Sol *frais* (« *frisch* ») : pressé dans la main, il rend celle-ci humide.

(D). Sol *humide* (« *feucht* ») : pressé dans la main, il laisse couler l'eau goutte à goutte.

(E). Sol *mouillé* (« *nass* ») : l'eau s'en écoule sans pression.

Les sols mouillés et humides conviennent aux prés-litières, tandis que les sols frais, secs et arides sont utilisés pour les prairies fourragères, les champs labourés et les forêts.

Si la proportion d'eau est plus considérable, on entend en marchant un bruit de clapotement. On peut distinguer ici trois degrés :

(F). L'abondance de l'eau n'est décelée à l'extérieur que par ce bruit que l'on fait en marchant.

(G). L'eau se voit dans les traces de pas.

(H). L'eau atteint la cheville du piéton.

Dans ces trois cas, prend naissance un véritable marais (« *Sumpf* ») si l'eau est stagnante. Seuls les végétaux appelés *plantes palustres* peuvent y donner un rendement plus ou moins élevé suivant les espèces, et suivant la proportion d'eau.

Il est bon que le sol soit asséché de temps en temps pour permettre l'accès de l'air nécessaire à la décomposition des matières organiques : cela empêche la formation de la tourbe, qui se produit lorsque l'eau séjourne trop longtemps.

Lorsque l'épaisseur de l'eau devient plus considérable, la nature des plantes qui s'y développent spontanément est en relation étroite avec la profondeur de l'eau.

Il suffit d'examiner attentivement les bords d'un lac à rivage faiblement incliné, pour constater l'existence d'une série de zones concentriques caractérisées chacune par la prédominance d'une espèce végétale. La profondeur maxima atteinte par chaque espèce dépend de la nature du sol et du climat.

Le Dr C. SCHROETER, dans sa belle monographie du lac de Constance [58], et le D^r ANT. MAGNIN, dans ses remarquables études sur les lacs du Jura, ont très clairement mis en relief ces faits, d'une grande importance pour la culture des plantes aquatiques.

M. MAGNIN a proposé, pour désigner ces diverses zones, les expressions suivantes, ([38], p. 12-15, 400-402, 415). Les profondeurs indiquées se rapportent seulement aux observations faites dans les lacs du Jura. Elles sont un peu différentes dans d'autres régions (fig. 115).

« Les causes de cette disposition (en zones de végétation distinctes et régulières) doivent être recherchées à la fois dans les caractères biologiques des hydrophytes, les variations du milieu aquatique avec la profondeur, et la concurrence vitale. »

A partir de la zone palustre, constituée par les marais qui bordent le lac :

« Dans la première zone (zone *phragmitétifère*, de o à 3 mètres de profondeur, en moyenne) peuvent vivre toutes les plantes aquatiques, non seulement les submergées, les nageantes, mais encore les amphibies et les hydrophytes à frondaison et floraison aériennes; les Roseaux et les Scirpes peuvent produire des tiges annuelles de 4 à 5 mètres de longueur, dont 2 à 3 mètres immergés, suffisamment fortes pour résister au vent et aux vagues; la concurrence vitale, les variations du sol, vaseux, limoneux, tourbeux, sableux, pierreux, etc., interviennent pour déterminer l'emplacement des associations secondaires.

« Dans la deuxième zone (zone *nupharétifère*, 3 à 4 mètres), les Roseaux et les Scirpes ne peuvent plus produire des tiges annuelles

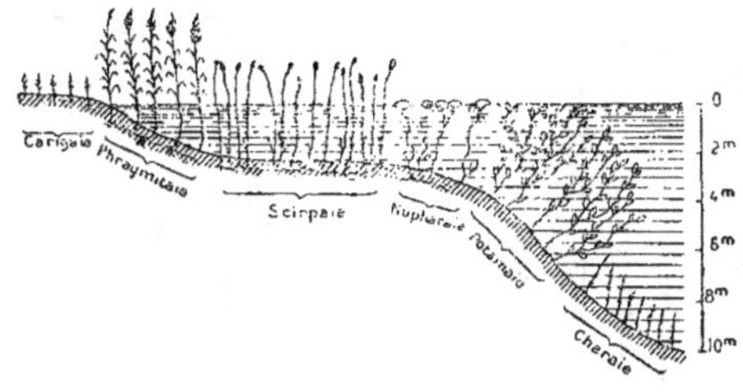

Fig. 115.
Zones de végétation sur les bords d'un lac
(d'après Magnin).

assez longues; mais les Phanérogames à feuilles et fleurs nageantes (Nénuphars, *Potamogeton natans*, etc.) peuvent encore les porter à la surface, à l'extrémité de pétioles et de pédoncules flexibles et longs de 3 à 4 mètres...

« Avec la troisième zone (zone *potamétifère*, 4 à 6 mètres), la profondeur devient trop considérable pour les plantes des zones précédentes; seules, les Phanérogames à feuilles submergées peuvent encore produire des tiges assez longues pour amener l'appareil assimilateur près de la surface et l'appareil reproducteur au-dessus de l'eau. (*Potamogeton lucens*, *P. perfoliatus*, etc.; *Myriophyllum spicatum*, etc...)

« Dans la quatrième zone enfin (zone *characétifère*, 6 à 15 mètres), la profondeur trop considérable, l'abaissement de la température, empêchent les rhizomes de produire des tiges assez longues et dans le temps voulu; aussi le tapis végétal y est-il constitué par des plantes submergées, courtes, fructifiant sous l'eau, n'exigeant que des températures basses, un faible éclairage, pour croître et assimiler (*Naïas*, Mousses, Characées, etc.); ce sont ces deux conditions de milieu qui interviennent dans la répartition de ces plantes et les arrêtent aux limites inférieures qu'elles atteignent sur le talus du lac.

« Toutes les espèces qui croissent dans une zone déterminée peuvent vivre dans les zones plus extérieures, moins profondes, si la place est libre, et c'est là qu'intervient la concurrence vitale : les hydrophytes qui ne peuvent croître que dans une zone extérieure s'emparent du terrain, forcent les autres espèces à abandonner la place et à se réfugier dans les régions plus profondes où seules elles peuvent vivre et se reproduire.

« En résumé, la première zone n'est que l'extension du marais sur les bords du lac (région *palustre*); la deuxième a les caractères de l'étang (région *stagnale*); avec la troisième commence le lac proprement dit (région *lacustre*); ces trois formations correspondent aux trois principaux stades d'évolution des lacs. »

FORMATIONS.	ZONES.	ASSOCIATIONS TYPES.		ASSOCIATIONS REPRÉSENTATIVES.	
		ASSOCIATION.	PLANTE TYPE.	ASSOCIATION.	PLANTE-TYPE.
A. **Phytobenthos** (plantes fixées au sol).					
α. *Benthos littoral* (o-3o m.).					
1. Macrophytes.					
I. Psammophytes..........	Z. salicétifère.	1. *Saulaie.*	*Salix.*	*Tamariçaie.*	*Tamarix.*
II. Hélophytes (marais).....	Z. caricétifère (bords).	2. *Strictaie.*	*Carex stricta.*	*Mariscaie.*	*Cladium mariscus.*
III. Amphiphytes............	Z. polygonétifère.	3. *Polygonaie.*	*Polygonum amphibium.*	*Nasturtiaie.*	*Nasturtium* (Cresson).
		4. *Héléocharaie.*	*Heleocharis palustris.*	*Littorellaie.*	*Littorella.*
		5. *Schizotrichaie.*			
IV. Roselières (o-3 m.).......	Z. phragmitétifère. S. z. scirpétifère.	6. *Phragmitaie* (o-2 m.).	*Phragmites communis.*	*Typhaie.*	*Typha latifolia.*
	Z. nupharétifère (3-4 m.).	7. *Scirpaie* (o-3 m.).	*Scirpus lacustris.*	*Equisétaie.*	*Equisetum limosum.*
V. Limnophytes..........	S. z. potamétifère (4-6 m.).	8. *Nupharaie.*	*Nuphar.*		
		9. *Potamaie.*	*Potamogeton.*	*Myriophyllaie.*	*Myriophyllum.*
2. Microphytes.	S. z. characétifère (6-13 m.).	10. *Charaie.*	*Chara.*		
		11. *Nitellaie.*	*Nitella.*	*Hypnaie.*	*Hypnum.*
VI. Néréides.............	Z. cladophorétifère.	12. *Cladophoraie.*	*Cladophora.*		
β. *Benthos abyssal* (> 3o m.).					
VII. Schizophytes..........	Z. beggiatoétifère.	13. *Beggiatoaie.*	*Beggiatoa.*		
B. **Pleuston** (pl. libres nageant, région littorale).					
VIII. Hydrocharites..........	Z. cératophyllétifère.	14. *Lemnaie.*	*Lemna* (Lentille d'eau).		
		15. *Cératophyllaie.*	*Ceratophyllum.*		
		16. *Scénédesmaie.*			
C. **Phytoplancton** (org. libres flottant, région pélagique).		17. *Zygnémaie.*			
IX. Limnoplancton..........	Z. cyclotellétifère.	18. *Cyclotellaie.*			

3. Sol.

La nature du sol des marais a été déjà étudiée à propos de leur classification (p. 171, 172). Après l'eau, c'est le sol qui joue le rôle le plus important dans la distribution des plantes d'un marais.

Le sol influe sur la végétation par sa constitution *physique* (proportions de *cailloux, graviers, gros sable, sable fin, argile*) et par sa composition *chimique*, c'est-à-dire sa teneur en substances *nutritives*, parmi lesquelles les principales sont l'*azote*, l'*acide phosphorique*, la *potasse* et la *chaux*.

La nature *physique* du sol, sa consistance, a une action certaine sur les plantes palustres au point de vue de leur *fixation* : dans les terrains mous, où l'argile domine, les parties souterraines des végétaux, racines et rhizomes, prennent une plus grande extension que dans les sols durs, caillouteux ou graveleux; ce développement leur est plus facile, et il est nécessaire pour éviter l'entraînement de la plante par les mouvements de l'eau.

Quant à l'influence de la composition physique du sol sur la *répartition* des espèces, elle est considérée comme prépondérante par l'école de Thurmann, tandis que l'école opposée attribue à la composition chimique le rôle principal. Il est aisé d'observer que certaines espèces, telles que les *Typha, Sparganium, Carex riparia*, sont plus abondantes et plus développées sur un sol vaseux, tandis que certaines autres, telles que *Carex hirta, Scirpus holoschœnus*, se rencontrent surtout sur les sols sablonneux.

Les expériences que j'ai entreprises (p. 183) portent à croire que, pour certaines espèces du moins, l'action de la nature physique du sol pourrait n'être qu'indirecte, et s'expliquerait plutôt par la faible teneur des terrains graveleux en humus ou autre matière nutritive.

En effet, les *Carex riparia* et *stricta* et les *Typha*, que j'ai plantés sans addition d'engrais chimiques, d'une part dans du sable siliceux, d'autre part dans de la vase argilo-calcaire, riche en humus, ont une vigueur très différente, suivant qu'ils sont dans le sable ou dans la vase, mais les lots de ces mêmes plantes, qui ont reçu des engrais complets, ont une végétation aussi vigoureuse sur le sable que sur la vase.

Parmi les substances nutritives du sol, le *calcaire* et l'*humus* méritent un examen plus approfondi.

Le *calcaire*, nécessaire à plusieurs espèces, nuisible à d'autres, dès qu'il dépasse une faible proportion, nous a servi de base pour classer certaines formes de marais, pour distinguer les *tourbières hautes*, privées de chaux, des *tourbières plates*, dont le sol est calcaire (p. 171-180).

Quant à l'*humus*, son rôle est des plus complexes, et il ne semble pas entièrement élucidé, malgré les beaux travaux de Wollny [69], de Dumont [17], publiés tous deux en 1902, etc.

Les nombreux auteurs qui ont parlé de l'humus ne sont même pas d'accord sur sa définition, qui a longtemps retenu l'attention du Congrès international d'agriculture de Vienne de 1907 (Section des Tourbières). Je traduis, mot à mot, ci-dessous, la définition proposée par le Dr C. A. Weber, de Brême, qui a été chargé de présenter sur ce sujet un nouveau rapport au prochain Congrès ([8], p. 3) :

« *Les* humus *sont des minéraux organiques, composés principalement de carbone, d'hydrogène et d'oxygène ; en apparence, ils contiennent souvent du soufre, et souvent aussi (ou même toujours, semble-t-il) de l'azote. Par leur constitution, ils renferment constamment des cendres ; à l'air ils sont colorés en brun ou en noir, et à l'état frais, riches en eau et mous.* Ils se contractent fortement en se desséchant. Ils résultent de la décomposition, de la pourriture, ou de la transformation en tourbe, des détritus végétaux et animaux riches en carbone. »

On distingue souvent deux sortes d'humus : l'humus *acide* et l'humus *doux*.

L'humus *acide* se forme surtout dans les sols où l'oxygène pénètre difficilement, il est impropre au développement de la plupart des plantes cultivées : elles ne peuvent utiliser la grande provision d'azote qu'il renferme en général, car cet azote n'est pas assimilable, il ne nitrifie pas. L'humus acide existe le plus souvent en abondance dans les marais ; seules ou à peu près, les plantes *palustres* peuvent y prospérer.

L'humus *doux* est formé en présence d'une grande quantité d'oxygène. Il « se développe dans les sols modérément humides et atteint son maximum de développement dans les forêts ombreuses où les animaux fouisseurs le répartissent à tous les niveaux superficiels qu'ils habitent et parcourent ; sa grande perméabilité détermine la formation de produits fortement oxydés. On doit à Wollny [69] d'avoir précisé les conditions physico-chimiques des différentes sortes d'humus, d'avoir montré leur mode de formation, les causes de la stérilité de l'humus acide, de la fertilité de l'humus doux ou neutre » (Flahault [19], p. 274).

D'après M. J. Dumont [17], la plupart des terres humifères acides devraient leur infertilité à leur pauvreté en potasse ; souvent elles ont une forte proportion de carbonate de chaux, qui n'est pas décomposé parce que les acides de l'humus sont des acides faibles.

Pour rendre fertiles les sols humifères acides, il ne suffirait donc pas de leur apporter, comme on l'a souvent conseillé, par des scories de déphosphoration, la chaux et l'acide phosphorique qui leur manquent, il serait indispensable de leur fournir de la potasse, pour rendre leur azote assimilable.

M. Dumont recommande aussi l'emploi du plâtre, concurremment avec la chaux, dans certains cas. Les conseils de M. Dumont pour l'amélioration des terres humifères varient beaucoup suivant la nature de l'humus et la constitution physico-chimique du sol.

Nous n'insisterons pas davantage, car ces indications s'appliquent à la mise en culture des marais *desséchés*, tandis que l'objet du présent travail est de tirer parti des marais *non desséchés*. Dans ceux-ci, il n'est guère possible, pratiquement, de modifier la nature du sol, et nous devons nous préoccuper plutôt de trouver des plantes avantageuses à exploiter dans les terrains marécageux tels qu'ils sont. Toutefois l'emploi de certains engrais sera probablement utile dans quelques cas particuliers.

4. Climat.

Il y a lieu d'étudier : *a.* l'action du *climat général* sur l'existence, la nature et la biologie des marais ; *b.* le *climat local* ou *particulier* des marais, qui présente des caractères très spéciaux ; *c.* la *salubrité* du climat des marais, c'est-à-dire le *paludisme*.

a. Climat général.

L'élément du climat qui agit le plus activement sur les marais en général est la *température.* L'humidité n'intervient que pour certaines formes de marais, les *tourbières hautes,* qui, nous l'avons vu, puisent toute leur eau dans l'atmosphère; l'humidité du sol suffit aux autres espèces de marais, et sous tous les climats, même les plus secs, le sol peut être humide si des sources ou des rivières amènent l'eau à sa surface.

Par suite de cette prépondérance de la température sur les autres éléments du climat, la végétation des marais est celle qui manifeste le plus nettement l'influence de la température moyenne d'un pays.

Nous verrons, en parlant de quelques espèces palustres (*Cladium mariscus, Schœnus nigricans*), le rapport étroit qui existe entre le climat et la fréquence de leur exploitation : par exemple, le *Schœnus nigricans* qui est coupé à Almenara, près de Valence (Espagne), tous les deux ans ou même tous les ans, n'est fauché dans les marais de Fos (Bouches-du-Rhône) que tous les deux ou trois ans, et dans la Charente, tous les trois ou quatre ans. Or les températures moyennes annuelles de ces trois localités sont respectivement : 16°8 , 14°2 et 12 degrés, et les températures moyennes du mois le plus chaud (juillet ou août) sont : 25 degrés, 22°8 et 20 degrés.

Nous rappellerons encore que la température modifie les exigences de certaines plantes de marais : les *Typha* par exemple, qui prospèrent dans les eaux stagnantes du nord, ne sont vigoureux dans les pays chauds (côtes d'Espagne) que dans les eaux aérées par un courant assez fort (p. 181).

Nous avons vu aussi (p. 174) que les *tourbières hautes* ne peuvent exister que dans les climats un peu froids, car les Sphaignes qui les constituent supportent difficilement des températures élevées.

b. Climat local.

Des cinq éléments principaux du climat : *pression atmosphérique, lumière, vent, chaleur* et *humidité,* le premier n'offre rien de particulier dans les marais. La *lumière* et le *vent,* par suite de la rareté des arbres et de la pente faible ou nulle de la plupart des marais, y exercent leur action avec une grande intensité.

Pour résister au *vent,* les tiges et les feuilles des plantes palustres ont une structure particulière, à la fois solide et élastique, qui leur permet de se courber fortement sans se casser (« le roseau plie, mais ne rompt point »), tandis que le puissant développement de leurs parties souterraines empêche ces plantes d'être déracinées.

La *température* des marais est, d'une manière générale, plus *uniforme,* moins variable que celle des terrains environnants. Cela tient à la grande capacité calorifique de l'eau, qui se refroidit plus lentement et se réchauffe moins vite au soleil que la terre sèche. Pour la même raison, le sol des marais gèle moins profondément en hiver que les terrains privés d'eau; grâce à cette particularité, les racines et rhizomes des herbes palustres continuent à vivre pendant que leurs parties aériennes sont tuées par le froid.

D'autre part, l'*évaporation* intense des surfaces de l'eau et des plantes qui s'y développent est une cause constante de refroidissement, aussi la température moyenne des marais est-elle sensiblement plus basse que celle des terrains environnants.

Comme conséquence, le départ de la végétation au printemps est beaucoup plus tardif dans les sols marécageux que dans les sols secs.

Cette forte évaporation maintient les couches inférieures de l'air constamment saturées d'humidité. D'où formation facile de *brouillards* à la suite d'un léger abaissement de la température. Les brouillards exercent une influence très défavorable au printemps, car ils interceptent les rayons du soleil, empêchent la chaleur d'arriver au sol et retardent ainsi le dégel.

Par suite de la grande humidité de l'air, les *gelées tardives* se produisent très souvent dans les contrées marécageuses; de même les *orages à grêle* y sont particulièrement fréquents et violents, d'après les recherches de M. C. Hess (Stebler [63], p. 22).

Ces deux facteurs, retard du dégel et multiplicité des gelées tardives, nuisent beaucoup à la végétation des marais : la durée du repos hivernal est allongée, la période d'activité raccourcie, l'échauffement du sol diminué par la grande humidité de l'air. Toutes ces causes contribuent à rendre le climat des marais de la plaine semblable au climat alpin ou au climat de contrées situées beaucoup plus au nord. Par exemple, en Suisse (Stebler [63], p. 22), la flore des marais de plaines à 400 ou 500 mètres d'altitude est analogue à celle des terrains situés sur les Alpes à l'altitude de 1,000 mètres, et diffère complètement de la flore des terres sèches qui entourent ces marais.

Il y a lieu de faire une exception, dans les contrées à climat tempéré, pour les marais alimentés par des sources profondes, dont la température ne varie guère d'une saison à l'autre. Dans ces conditions, la végétation, au lieu d'être retardée au printemps, est au contraire très avancée, car elle ne s'arrête à peu près pas pendant l'hiver (Lecoq [34], t. I, p. 74).

C'est le cas de plusieurs marais des environs de Villefranche-de-Rouergue, dont l'eau provient de sources nombreuses et abondantes, à température invariable, comprise entre 12° et 13°5.

Les sources thermales produisent les mêmes effets, mais encore plus accentués (Lecoq [35], p. 462; Ronna [49], t. I, p. 382).

c. Paludisme.

Le climat des marais jouit d'une déplorable réputation. On l'accuse, avec quelque apparence de raison, de causer la *fièvre paludéenne, malaria*, etc.

En réalité, on sait, depuis une dizaine d'années à peine, que le climat n'intervient que d'une manière indirecte, en favorisant, par une température moyenne supérieure à 15 degrés, l'évolution d'un être microscopique, un *hématozoaire*, qui est la cause véritable de la maladie. Ce microorganisme se développe dans les globules du sang des personnes atteintes de la *fièvre des marais*, mais il ne pourrait en sortir, et transmettre la malaria à d'autres personnes, sans l'intervention d'un moustique, dont le rôle est très particulier : l'hématozoaire ne se multiplie dans le sang de l'homme que par voie asexuée, ce qui l'affaiblit à la longue; la reproduction sexuée n'a lieu que dans le corps du moustique, qui, à son tour, transmet le germe doué d'une vigueur nouvelle aux hommes qu'il pique : « pour empêcher le sang qu'il va sucer de se coaguler, il injecte dans la blessure le liquide de ses glandes salivaires, et, avec lui, le germe de la maladie.

«Tous les moustiques ne sont pas capables de transmettre la maladie. Seules, les femelle des *Anophèles* possèdent cette faculté.

«A côté des Anophèles vivent les *Culex* (Cousins), très nombreux et très incommodes, mais dont la piqûre est inoffensive.

«Les Anophèles déposent leurs œufs sur les herbes qui croissent dans les eaux douces stagnantes, marais, canaux, fossés, mares, etc. L'éclosion se fait en deux ou trois jours et donne lieu à une larve qui se transforme elle-même en nymphe, en quinze jours environ. L'insecte parfait apparaît ensuite, après huit à dix jours. Il se produit quatre ou cinq générations pendant la période d'août à septembre.

«Dès que leur métamorphose est accomplie, les Anophèles quittent les surfaces d'eau où ils ont pris naissance et se répandent dans les environs. Ils se tiennent de préférence dans les buissons, dans les arbustes et en général dans tous les massifs de verdure; mais on les trouve aussi en grand nombre sous les ponceaux, dans les habitations, et particulièrement, dans les locaux sombres, tels que les greniers, les caves, les bergeries, etc. Ils sont plutôt rares en pleine campagne, car ils craignent la grande lumière. On a observé qu'ils piquent surtout le matin, avant le lever du soleil, et le soir, au crépuscule. Pendant la journée, ils ne quittent guère leurs retraites, et, la nuit, si la température est basse, ils sont engourdis par le froid.

«Les *Culex* ont aussi des habitudes nocturnes; cependant ils se déplacent plus que les Anophèles pendant la journée, de telle sorte que ce sont eux qui, de beaucoup, nous piquent le plus fréquemment.

«Pour qu'un Anophèle puisse transmettre la contagion, il faut, d'après ce que nous savons de l'évolution des hématozoaires, qu'il ait piqué depuis douze ou quinze jours, au moins, un fiévreux se trouvant lui-même dans les conditions voulues pour l'infecter. Il est nécessaire, en outre, que depuis ce moment, la température moyenne ait été de 15 degrés au moins. Si on ajoute que la malaria communique une certaine immunité aux individus qui en ont déjà été atteints, surtout pendant leur jeune âge, on s'explique que les piqûres infectantes, et par conséquent, les chances de contagion, soient, en définitive, plutôt rares.

«La malaria se transmet d'une année à l'autre par les cas de récidive. Les individus atteints à la fin de l'été peuvent être sujets, si les soins leur ont manqué, à des accès de fièvre, pendant plusieurs mois consécutifs. Les Anophèles qui viennent les piquer au printemps suivant s'infectent à leur tour et propagent ensuite la maladie. Les chances de contagion augmentent donc à mesure que la saison s'avance, d'autant plus que, pendant les mois chauds, la température favorise beaucoup l'évolution des gamètes dans l'organisme des moustiques» (De Laroque [33], p. 68-76).

On voit clairement, d'après ce qui précède, le rôle important que joue la stagnation de l'eau des marais dans la propagation du paludisme. Le meilleur moyen pour supprimer cette maladie est donc de dessécher tous les terrains marécageux [1]. Lorsque

---

[1] L'efficacité de ce procédé a été maintes fois vérifiée, et encore dernièrement dans les Dombes (Ain) : ce pays était réputé pour son insalubrité quand on y formait volontairement de nombreux étangs, que l'on vidait au bout de deux ou trois ans pour recueillir le poisson qui s'y était multiplié; on les labourait alors pour y faire quelques récoltes et les remettre immédiatement après en eau. A la suite d'une loi qui avait interdit ce mode d'exploitation du sol, la salubrité du pays se modifia complètement et la durée moyenne de la vie s'éleva de 23 à 38 ans. En 1901, une nouvelle loi a autorisé la remise en eau des étangs : la malaria a bientôt réapparu, et la consommation de quinine a doublé (Dr A. C. [6]).

l'opération n'est pas possible, il faut lutter contre la malaria, soit en détruisant les moustiques, soit en évitant leurs piqûres, soit en guérissant les cas de récidive.

La *destruction des moustiques* se fait en répandant du pétrole sur toutes les eaux stagnantes où ils se multiplient. Ce procédé n'est guère utilisable dans les marais étendus. Pour *éviter les piqûres*, on protège les mains et le visage avec des gants et des voiles de gaze, et on garnit de toiles métalliques toutes les ouvertures des maisons.

Quant à la manière d'appliquer ces divers conseils, on la trouvera dans les instructions détaillées du Dʳ Raphael Blanchard, transcrites aux Annexes.

Ces deux moyens ne sont pas toujours pratiques, aussi doit-on avoir recours au troisième procédé, qui consiste à éviter les cas de récidive par l'emploi rationnel de la *quinine*, précieux remède contre la fièvre paludéenne. L'usage préventif de cette substance confère, même à un haut degré, l'immunité aux individus sains.

« Cette propriété de la *divine écorce* est extrêmement importante puisqu'elle permet d'affronter impunément la piqûre des Anophèles. Elle est précieuse surtout, pour ceux qui ne sont point accoutumés aux milieux où règne la malaria et n'y séjournent qu'accidentellement » (De Laroque [33], p. 75).

5. Végétation.

a. Caractères généraux.

La végétation des marais présente certains caractères généraux qu'il est utile de signaler.

L'influence du *climat* sur les diverses phases de la végétation (diminution de la durée de la période de vie active, retard du départ de la végétation au printemps, etc.) a été vue à propos du climat local.

L'*uniformité* de la température et, dans une certaine mesure, de la dose d'humidité du sol des marais, a deux conséquences remarquables.

On sait que l'uniformité des conditions d'existence a pour effet d'allonger la *durée de la vie*. Les plantes palustres (*Hélophytes*) n'échappent pas à cette loi générale, et c'est parmi elles qu'on trouve la plus forte proportion d'espèces vivaces. Cette proportion atteint 97.4 p. 100, d'après M. Hildebrandt, pour la flore des environs de Fribourg en Brisgau, tandis qu'elle est de 11.2 p. 100 seulement parmi les plantes des champs cultivés, où l'on trouve 88.8 p. 100 d'espèces annuelles (Costantin [9], p. 227).

Une seconde conséquence de cette uniformité des conditions de la vie aquatique est la grande *extension géographique* de la plupart des espèces. Par exemple le *Roseau phragmite* et le *Scirpus lacustris* sont répandus sur presque toutes les parties du globe où peuvent vivre des phanérogames.

Cette extension est due aussi en grande partie, sans doute, aux oiseaux et insectes aquatiques, qui transportent au loin, dans leurs migrations, les graines dont ils font leur nourriture ou qui restent adhérentes à diverses parties de leur corps [bec, pattes, etc.] (Warming [68], p. 135; Darwin [11], p. 544-547; Alph. de Candolle; etc.).

Ce qui facilite encore la vaste expansion des plantes palustres, c'est leur *plasticité* : la plupart s'adaptent facilement à des proportions d'eau très diverses, en modifiant parallèlement leur structure (Costantin [9], p. 229).

Une adaptation à la fréquence et à l'intensité du vent, ainsi qu'à la faible consistance du sol des marais, se révèle dans la flexibilité des parties aériennes et dans le grand développement des parties souterraines :

1. La forme générale des tiges et des feuilles des plantes aquatiques, et particulièrement des plantes palustres, mérite d'attirer notre attention. On remarquera l'abondance des espèces à feuilles aériennes allongées en ruban épaissi au milieu, mince sur les bords (*Typha, Sparganium, Iris*, etc.), souvent pliées en long (*Carex*), ou cylindriques (*Joncs*), à tiges arrondies sans ramifications et presque sans feuilles (*Joncs, Scirpus lacustris*) : autant de particularités qui leur permettent de résister plus facilement à la violence des vents. Les plantes à feuilles aériennes larges et plates sont rares dans les marais et le plus souvent confinées dans les endroits relativement abrités (*Rumex hydrolapathum*).

Les feuilles élargies et molles sont étalées à la surface de l'eau qui les soutient (*Nénuphars*).

Les feuilles entièrement submergées ont le plus souvent, surtout dans les eaux à courant un peu rapide, la forme de rubans aplatis (*Sagittaire, Scirpus lacustris, Alisma plantago, Vallisnérie*, certains *Sparganium*, etc.) (COSTANTIN, [9], p. 240), ou sont divisées en lanières ou même en une multitude de segments filiformes (*Renoncules aquatiques, Myriophyllum*, etc.) ; cette disposition multiplie les surfaces de contact des feuilles avec le liquide où elles plongent, et facilite les échanges gazeux entre leur tissu assimilateur et le milieu peu aéré et peu éclairé que constitue l'eau (SCHENK [53], p. 6).

Certaines espèces présentent sur le même pied les diverses formes de feuilles, suivant que celles-ci sont entièrement hors de l'eau, ou à sa surface, ou complètement immergées (*Sagittaire, Renoncules aquatiques*, etc.) : c'est là l'indice d'une grande faculté d'adaptation aux variations du milieu ambiant (COSTANTIN [9], p. 240 et suiv. : plantes *amphibies*).

2. La plupart des hélophytes ont des rhizomes puissants, certaines même des tubercules (*Scirpus maritimus, Sparganium ramosum*, etc.), ces organes les fixent solidement dans le sol, et leur servent à amasser, pendant l'été et l'automne, d'abondantes réserves nutritives pour permettre, au printemps suivant, le développement rapide des tiges et des feuilles.

De là, la nécessité de faire le plus tard possible, en automne, la récolte des herbes des marais, si on veut maintenir leur production à un taux élevé.

Les espèces gazonnantes (*Carex stricta*) ont des racines très nombreuses et très grosses, qui pénètrent profondément dans le sol et jouent le même rôle que les rhizomes comme organes de fixation et de réserve.

Afin de pouvoir vivre dans un milieu mal aéré (eau stagnante), les tiges et les racines des plantes des marais ont une structure particulière, caractérisée par un tissu pourvu de grandes lacunes remplies d'air, qui constitue l'*aérenchyme*. Certaines espèces palustres ont même des organes spéciaux (*pneumatophores*) qui vont puiser, au-dessus de la surface de l'eau, l'air qu'ils transmettent aux parties submergées. Par exemple les racines du *Taxodium distichum* (*Cyprès chauve*) émettent, dans les sols humides, des excroissances sans feuilles, pourvues de canaux aérifères, dépassant quelquefois 1 mètre de haut, pour atteindre la surface de l'eau; leur ensemble forme comme un piquetage précieux pour consolider les berges marécageuses où vivent ces arbres (SCHIMPER [54], p. 83, avec belle gravure).

Beaucoup de plantes palustres (Graminées, Cypéracées, notamment) ont l'épiderme de la tige et des feuilles incrusté de silice, ce qui les préserve des limaces ou autres mollusques abondants dans les marais; de plus, les bords des feuilles sont souvent garnis de dents fines et dures qui les rendent tranchants et éloignent les herbivores.

Les *graines* des hydrophytes sont constituées de manière à résister très longtemps à l'action de l'eau, ce qui favorise leur dissémination sur de vastes espaces. C'est parmi elles qu'on trouve la plus longue persistance de la faculté germinative, à condition qu'elles soient conservées dans le milieu qui leur convient, la vase humide, par exemple : on a recueilli, il y a une cinquantaine d'années, dans l'île de la Cité (partie la plus ancienne de Paris), à 8 ou 10 mètres de profondeur, de la terre vaseuse qui a été étudiée par le Dr BOISDUVAL et M. J. POISSON, professeur au Muséum. Ces deux savants ont constaté la germination de nombreuses graines de *Juncus bufonius*, enfouies dans le sol depuis 2,000 ans peut-être (POISSON [45], p. 346).

Par contre, la plupart de ces graines, qui mûrissent sur le sol des marais, ne supportent pas d'être desséchées (DRUDE [15], p. 293) : dans un essai fait par M. SCHRIBAUX, aucune graine de *Carex* n'a germé après deux ans de conservation à l'air.

Cette observation a une grande importance pratique : il en résulte que, pour multiplier les plantes de marais par le semis, on ne doit pas employer des graines prises comme à l'ordinaire dans le commerce, où on les conserve, à l'état sec, pendant plusieurs années, mais, autant que possible, on doit les garder constamment dans de la vase humide ou les semer bientôt après leur récolte.

D'ailleurs beaucoup d'hydrophytes se multiplient facilement par *boutures* (MAGNIN [38], p. 382; FRANÇOIS, [20]) : la plantation de fragments de rhizomes est même le procédé de multiplication le plus sûr, celui qui procure le plus vite une récolte.

b. CARACTÈRES SPÉCIAUX DE LA VÉGÉTATION DES MARAIS.

Nous avons vu, à propos de la classification des marais, ou de l'étude de l'eau et du sol, les caractères de la végétation spéciaux aux divers genres de marais (marais non tourbeux, tourbières plates, tourbières hautes) ou aux diverses régions d'un même marais, suivant les qualités de l'eau et du sol.

B. PRINCIPALES PLANTES UTILES DES MARAIS.

Nous allons passer en revue les principales plantes utiles des marais, en indiquant, pour chacune d'elles, ses noms, sa description, ses variétés, ses conditions de végétation (climat, sol, eau), son mode de développement, sa culture, son exploitation et enfin son utilisation dans l'agriculture ou dans l'industrie.

Nous étudierons ces diverses plantes dans l'ordre suivant :

I. Graminées.

a. Phragmites communis, Roseau commun.
b. Arundo donax, Grand Roseau.
c. Bambous.
d. Glyceria spectabilis, fluitans, etc., Glycéries.

e. Phalaris arundinacea, Alpiste roseau.
f. Molinia cærulea, Molinie bleue.
g. Autres Graminées.

II. Cypéracées.

h. Carex stricta, Laiche raide.
i. Carex acuta.
j. Carex riparia.
k. Carex maxima.
l. Carex ampullacea, disticha, filiformis, paludosa, vesicaria, etc.
m. Scirpus lacustris, Gros Jonc.

n. Scirpus maritimus, Scirpe maritime.
o. Scirpus sylvaticus, Scirpe des bois.
p. Eriophorum, Linaigrettes.
q. Cladium mariscus.
r. Schœnus, Choins.
s. Autres Cypéracées.

III. Joncées.

t. Juncus, Joncs.

IV. Typhacées.

u. Typha, Massettes.

v. Sparganium, Rubaniers.

V. Autres plantes utiles des marais.

w. Iris.
x. Acorus.
y. Lythrum salicaria, Salicaire.

z. Salix, Osiers.
z'. Equisetum, Prêles.
z". Autres plantes.

Dans les descriptions qui vont suivre, j'insisterai surtout sur les caractères végétatifs (racine, tige, feuilles), beaucoup trop négligés par la plupart des ouvrages de botanique descriptive. Les caractères végétatifs sont pourtant les plus intéressants pour les agriculteurs, qui ont souvent à déterminer des plantes dépourvues de fleurs et de fruits : or beaucoup de Flores se bornent à décrire en détail les fleurs et les fruits. La connaissance précise des organes végétatifs est de plus très nécessaire, pour en déduire les procédés de culture et d'utilisation applicables à la plante considérée.

Ces observations concernent en particulier les plantes de la famille des *Cypéracées*, à laquelle appartient le plus grand nombre des espèces utiles des marais.

Cette vaste famille (elle comprend environ 3,000 espèces d'aspect extérieur très analogue) est d'une étude très difficile et peu attrayante; les botanistes l'ont souvent négligée, et leurs ouvrages contiennent de grandes contradictions, dans les descriptions d'une même espèce de Cypéracées. Il est cependant essentiel de bien caractériser chaque espèce, pour la distinguer des autres, dont les exigences culturales et la valeur industrielle ou agricole sont souvent très différentes.

J'ai traduit en grande partie pour les plantes de cette famille les descriptions données par le Dr Stebler, dans *Die besten Streuepflanzen* (1898). ces descriptions sont les plus complètes et les plus exactes que je connaisse. Malheureusement le Dr Stebler ne décrit qu'un petit nombre d'espèces de Cypéracées. Pour les autres, j'ai utilisé l'ouvrage le plus récent et le plus important qui ait paru à ce jour sur les Cypéracées de l'Europe moyenne, celui d'Ascherson et Græbner, *Synopsis der Mitteleuropäischen Flora* (1904) et, pour les *Carex,* la belle monographie du *Pflanzenreich* de Engler, *Caricoïdeae,* par G. Kükenthal.

CARACTÈRES GÉNÉRAUX
DES PRINCIPALES FAMILLES DE PLANTES ÉTUDIÉES.

I. GRAMINÉES.

CARACTÈRES DISTINCTIFS.

Fleurs hermaphrodites (pourvues à la fois d'organes mâles [étamines] et femelles [pistil]), rarement *monoïques* (fleurs mâles et fleurs femelles séparées mais portées sur le même pied); glumacées; groupées en *épillets* (fig. 116 et 117) composés d'une ou plusieurs fleurs; chaque épillet est muni à la base de deux écailles ou bractées membraneuses (*glumes*) [fig. 118], rarement réduites à une seule ou nulles; chaque fleur est pourvue également de deux petites écailles ou bractéoles (*glumelles*) [fig. 119], celle insérée plus bas, généralement plus grande, embrasse la supérieure; périanthe réduit à 2 ou 3 écailles très petites (*glumellules*), souvent à peine visibles ou nulles; 3 étamines, rarement 1, 2 ou 6, hypogynes, à filets capillaires libres; anthère insérée sur le filet *par le dos*, à 2 loges libres et un peu divergentes à chaque bout (en forme d'X), s'ouvrant en long; 2 styles libres, très rarement 1 ou 3, à stigmates allongés, plumeux ou pubescents, sortant tantôt au sommet (terminaux), tantôt vers la base (latéraux) des glumelles; ovaire libre; fruit (*caryopse*) sec, uniloculaire, monosperme, indéhiscent, nu ou recouvert par les glumelles, à *péricarpe* (enveloppe du fruit), *généralement soudé avec la graine,* dont il est difficile de le séparer. *Embryon* situé à l'*extérieur de l'endosperme* (pl. XXVIII, fig. 1 et 2, p. 205).

Épillets verts, violacés, blanchâtres ou jaunâtres, sessiles ou pédonculés, disposés en épi, en grappe ou en panicule, *sans bractées* (petites feuilles) *à la base* [1].

Herbes à *tige* (fig. 120), appelée *chaume,* ordinairement simple, *arrondie* ou un peu comprimée, *jamais triangulaire,* le plus souvent *creuse,* renflée en *nœuds pleins* (fig. 121), à l'insertion des feuilles.

Feuilles distiques, c'est-à-dire *alternes,* disposées *sur deux rangs :* la section transversale d'un bourgeon ou de la base d'une pousse, rappelle l'aspect de la figure 122 ou 123 ; «elles naissent de toute la circonférence des nœuds et se divisent nettement en trois parties : 1° la gaine; 2° la ligule; 3° le limbe.

«La *gaine* (fig. 124 et 125), cylindrique, embrasse la tige, mais elle est ordinairement *fendue* longitudinalement du côté opposé au limbe.

«La *ligule* (fig. 126) est une petite membrane ordinairement scarieuse (incolore et transparente) située au point de jonction du limbe et de la gaine; elle continue la

---

[1] Description d'après Coste ([10], t. III, p. 520).

direction de la gaine et embrasse généralement une partie de la circonférence du chaume. Sa longueur et sa forme sont si constantes » (VESQUE [66], p. 109), qu'elle constitue un excellent caractère pour distinguer les espèces en l'absence des fleurs; elle est parfois très courte ou remplacée par des poils.

Le *limbe*, à bords le plus souvent parallèles, est muni de nervures parallèles aussi et indivises.

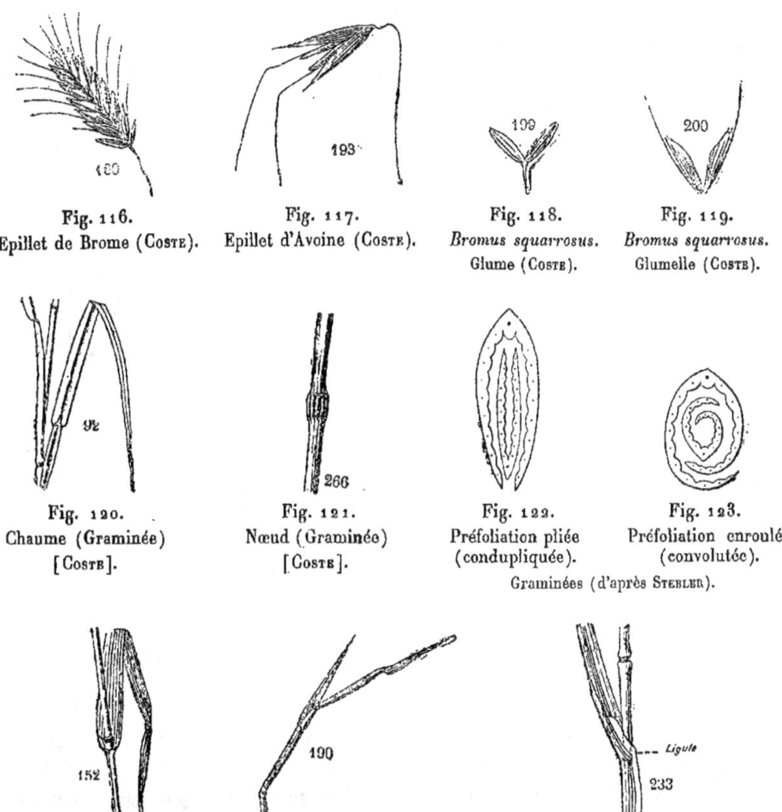

Fig. 116.
Epillet de Brome (COSTE).

Fig. 117.
Epillet d'Avoine (COSTE).

Fig. 118.
Bromus squarrosus.
Glume (COSTE).

Fig. 119.
Bromus squarrosus.
Glumelle (COSTE).

Fig. 120.
Chaume (Graminée)
[COSTE].

Fig. 121.
Nœud (Graminée)
[COSTE].

Fig. 122.
Préfoliation pliée
(condupliquée).

Fig. 123.
Préfoliation enroulée
(convolutée).

Graminées (d'après STEBLER).

Fig. 124.   Fig. 125.
Gaines de Graminées (COSTE).

Fig. 126.
Ligule (Brize) [COSTE].

VÉGÉTATION.

La tige des Graminées s'accroît uniquement par la partie tendre du chaume située immédiatement au-dessus du nœud et protégée par la base de la gaine.

Beaucoup d'espèces de Graminées sont *annuelles*, c'est-à-dire ne vivent pas plus de 12 à 15 mois, mais toutes celles dont nous nous occuperons sont *vivaces*, c'est-à-dire durent plusieurs années.

Dans les Graminées *annuelles* (fig. 127), chaque pousse porte une inflorescence, que l'on peut voir, avant la floraison, à l'état de rudiment, en écartant les petites feuilles du bourgeon.

Sur un même pied de Graminée *vivace* (fig. 128 et 129), il est possible de rencontrer quatre genres de pousses :

1° Base desséchée du chaume qui a fleuri l'année dernière;

2° Pousse qui fleurit dans le cours de la présente année;

3° Pousse feuillée qui fleurira l'an prochain;

4° A la base de celle-ci, bourgeon qui donnera l'année prochaine une pousse feuillée qui fleurira dans deux ans.

Ces diverses pousses sont reliées par une portion horizontale et souterraine de la tige appelée *rhizome*.

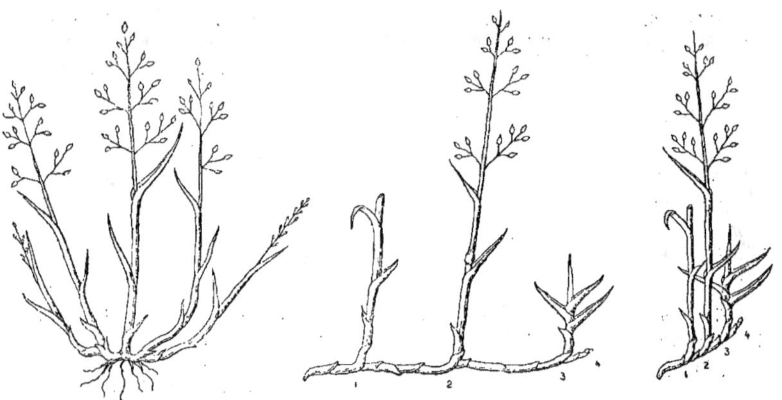

<table>
<tr><td>Fig. 127.
Graminée annuelle.
(D'après STEBLER.)</td><td>Fig. 128.
Graminée vivace drageonnante.
(D'après STEBLER.)</td><td>Fig. 29.
Graminée vivace gazonnante
ou cespiteuse.
(D'après STEBLER.)</td></tr>
</table>

Si les rhizomes sont très courts, presque nuls, les pousses sont serrées les unes contre les autres en une seule grosse touffe et la souche est appelée *gazonnante* ou *cespiteuse* (fig. 129, pl. XXIV); on dit souvent alors qu'elle est dépourvue de rhizome, ce qui n'est pas tout à fait exact.

Lorsque les pousses successives sont séparées par des portions horizontales de tige plus allongées, elles forment une série de petites touffes isolées; la souche est alors *traçante*, *rampante*, ou *stolonifère*, ou *drageonnante* (fig. 128, et pl. XXV, XXVI, XXVII et XXX).

Les espèces à souche traçante sont beaucoup plus faciles à multiplier que celles à souche cespiteuse, car il suffit de planter, de loin en loin, des fragments de rhizome, pour que ces plantes couvrent rapidement toute la surface du sol, grâce à l'expansion de leurs rejets rampants dans toutes les directions.

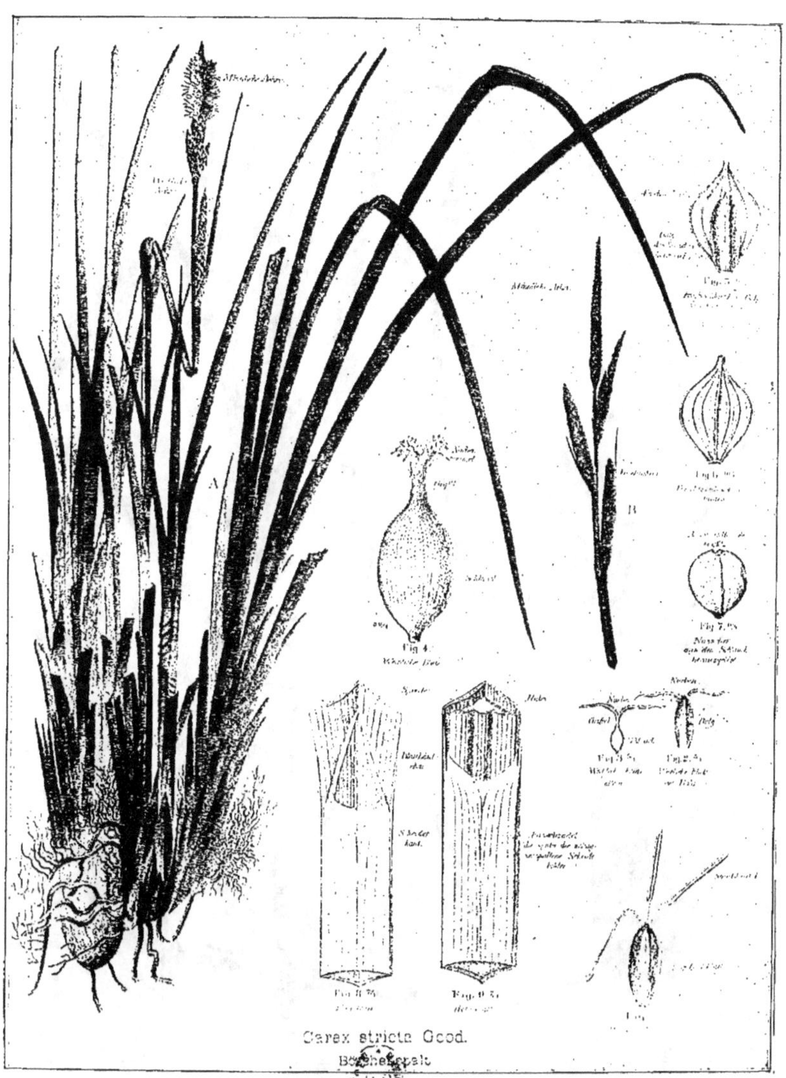

CAREX STRICTA Good., LAICHE RAIDE (Stebler, [64] Pl. II, réduite de moitié).

Plante entière avec racines épaisses. — *Fig. 1*. Fleur mâle. — *Fig. 2*. Fleur femelle avec son écaille. — *Fig. 3-4*. Fleur femelle seule. — *Fig. 5-6*. Fruit (utricule) vu par devant, avec son écaille (fig. 5), et par derrière (fig. 6). — *Fig. 7*. Nucule (semence) enlevée de l'utricule. — *Fig. 8-9*. Base de feuille caulinaire : gaine, base du limbe, ligule en V aigu (fig. 8), chaume (fig. 9).

CAREX RIPARIA Curt. LAICHE DES RIVAGES (Stebler, [64] Pl. VII, réduite de moitié).

Plante entière fertile avec racines, rhizome et base de pousse stérile. — *Fig. 1.* Fleur femelle vue de devant (*a*), de côté (*b*), et de derrière [côté interne] (*c*). — *Fig. 2.* Base de feuille caulinaire : gaine, ligule arrondie, base du limbe.

II. CYPÉRACÉES.

CARACTÈRES DISTINCTIFS.

«*Fleurs* hermaphrodites ou monoïques (fig. 130), rarement dioïques (fleurs mâles et fleurs femelles portées par des pieds différents), glumacées (fig. 131), naissant chacune à l'aisselle d'une écaille, disposées sur deux ou plusieurs rangs en épillets ou en épis. Périanthe nul ou remplacé par des soies, de petites écailles ou un *utricule* (petite outre) entourant l'ovaire (pl. XXIV, fig. 134 et 135); 3 étamines, rarement 2 ou 1, hypogynes, libres; anthères fixées au filet *par leur base*, à 2 loges s'ouvrant en long (pl. XXIV, fig. 1, pl. XXVI et fig. 135, 137); 1 style, à 2 ou 3 stigmates; ovaire libre; fruit (*akène*) sec, uniloculaire, monosperme, indéhiscent, trigone ou comprimé, à *péricarpe* membraneux *non adhérent* à la graine (pl. XXIV, fig. 7). *Embryon* petit, situé *dans* la profondeur de l'*endosperme*.

«Fleurs brunes, noires, vertes, blanches ou jaunâtres, en épillets ou en épis solitaires ou diversement disposés, avec ou sans bractées à la base» (COSTE [10], t. III, p. 459).

Herbes à *tige* presque toujours simple, le plus souvent *triangulaire* (pl. XXIV, fig. 9), au moins à sa partie supérieure, *pleine*, en apparence *sans nœuds*, tous les nœuds étant réunis à la base.

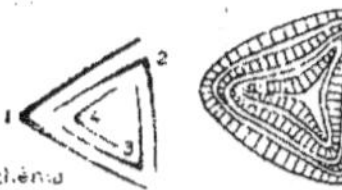

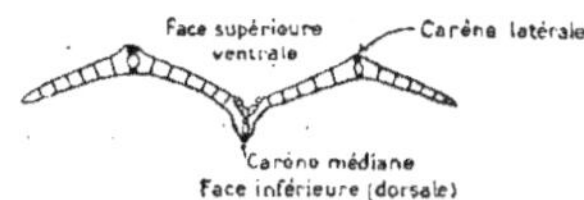

Fig. 130.	Fig. 131.	Fig. 132 et 133.	Fig. 134.
Inflorescence monoïque d'un *Carex* (COSTE).	Fleur glumacée de *Scirpus palustris* (COSTE).	Préfoliation des *Cypéracées*.	Section transversale du limbe de *Carex acuta*, (d'après STEBLER).

Feuilles tristiques, c'est-à-dire disposées *sur trois rangs* : la section transversale d'un bourgeon ou de la base d'une pousse feuillée est analogue aux figures 132-133. Leur base entoure la tige d'une *gaine* tubuleuse, ordinairement *non fendue*, quelquefois nulle. La *ligule* existe dans beaucoup d'espèces entre la gaine et le limbe, et constitue alors un caractère distinctif (pl. XXIII, fig. 8; pl. XXV, fig. 2), mais elle manque dans un grand nombre d'autres espèces.

Le *limbe*, quelquefois nul, a les bords à peu près parallèles et présente des nervures parallèles aussi, souvent reliées entre elles par des nervures transversales (pl. XXV, fig. 2). Il est fréquemment plié en deux dans sa longueur, formant ainsi à la face inférieure (dorsale) une arête saillante médiane ou *carène* plus ou moins aiguë; chaque moitié est elle-même parfois pliée aussi, en sens inverse, et la feuille présente alors à sa face supérieure (ventrale) deux autres carènes (fig. 134). Les bords du limbe et les carènes sont très souvent munis, surtout à la partie supérieure, de petites dents aiguës et rudes, dirigées vers la pointe de la feuille qui coupe fortement lorsqu'on la fait glisser dans la main; de même, ces feuilles blessent la langue et la bouche des animaux qui seraient tentés de les manger. L'épiderme est souvent muni de *papilles*, cellules spéciales dont la forme, l'abondance et la situation permet de distinguer au microscope les feuilles de certaines espèces.

Les Cypéracées, comme les Graminées, ont l'épiderme incrusté de silice, qui les protège contre la dent des limaces, fréquentes dans les stations humides préférées par beaucoup de plantes de ces deux familles.

Fig. 135.

Carex paludosa Good.
C. acutiformis Ehrh.

Laiche des marais (Wagner).

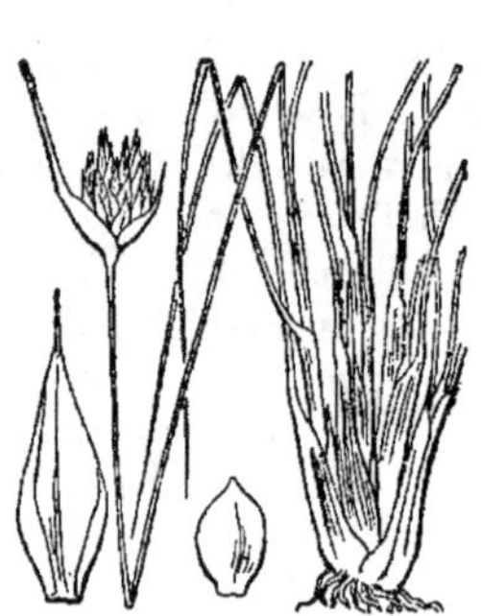

Fig. 136.

Schœnus nigricans L.

Choin noirâtre (Coste).

Fig. 137.

Scirpus lacustris L.

Scirpe des lacs, Gros Jonc,
Jonc des tonneliers (Wagner).

La végétation des Cypéracées est analogue à celle des Graminées. Toutes les espèces que nous étudierons sont vivaces, et nous pourrons leur appliquer les remarques faites à ce sujet en parlant des Graminées.

Les Cypéracées et les Graminées étant faciles à confondre, il est utile de résumer les caractères qui permettent de les distinguer nettement :

	GRAMINÉES.	CYPÉRACÉES.
Chaumes ordinairement.	Ronds, creux, noueux......	Triangulaires, pleins, sans nœuds.
Feuilles disposées......	Sur deux rangs...........	Sur trois rangs.
Gaine ordinairement....	Fendue................	Non fendue.
Péricarpe............	Soudé à la graine (Caryopse).	Non adhérent à la graine (Akène).
Embryon	Extérieur à l'endosperme....	Enfoncé dans l'endosperme.

La famille des Cypéracées comprend, comme nous l'avons vu, près de 3,000 espèces réparties dans de nombreux genres, dont le plus important est le genre *Carex* : il renferme à lui seul plus de 500 espèces. Les Cypéracées répandues dans nos marais appartiennent seulement à 7 genres : *Carex* (Laiche) [fig. 135 et pl. XXIV et XXV], *Cyperus* (Souchet), *Schoenus* (Choin) [fig. 136], *Eriophorum* (Linaigrette) [fig. 113, p. 180], *Cladium*, *Rhynchospora* et *Scirpus* (Scirpe) [fig. 137 et pl. XXVI].

SCIRPUS LACUSTRIS L., SCIRPE DES LACS, Gros Jonc (Reichenbach).

Racines, rhizome et bas de tige; trois inflorescences: un épillet grossi: isolément : une fleur,
une anthère très grossie, deux écailles, un fruit, et un fragment de soie barbelée du
fruit, très grossie.

JUNCUS OBTUSIFLORUS Ehrh., JONC A FLEURS OBTUSES (Reichenbach).

Plante entière avec racines et rhizome ; inflorescence ; fleurs, fruits, semences, isolés et grossis.

III. JONCÉES.

CARACTÈRES DISTINCTIFS.

« Fleurs hermaphrodites, régulières. Périanthe scarieux-glumacé, persistant, à 6 divisions libres, sur deux rangs, étalées à la floraison, puis promptement appliquées sur le fruit ; 6 ou 3 étamines, insérées à la base du périanthe et opposées à ses divisions ; anthères fixées au filet par la base, à 2 loges ; 1 style court, à 3 stigmates filiformes velus ; ovaire libre ; fruit capsulaire, s'ouvrant par 3 valves, à 1 ou 3 loges contenant chacune trois ou plusieurs graines (pl. XXVII).

Fig. 138.

Juncus glaucus Ehrh.

Jonc glauque (Coste).

Fig. 139.

Luzula silvatica Gaud.

Luzule des bois (Coste).

« Fleurs brunes, noires, vertes, blanches ou jaunâtres, petites, toutes pourvues d'une bractéole, disposées en cyme ou corymbe accompagné d'une ou plusieurs bractées ; feuilles alternes ou toutes radicales, linéaires, engainantes, parfois réduites aux gaines basilaires ; plantes herbacées ordinairement vivaces. »

Cette famille comprend chez nous deux genres, d'aspect très différent :

1° *Juncus* (*Jonc* vrai). — « Feuilles *glabres, cylindriques* ou linéaires-canaliculées, ou réduites à des gaines ; capsule à 3 loges contenant de nombreuses graines très petites (fig. 138 et pl. XXVII). »

2° *Luzula* (*Luzule*). — « Feuilles ordinairement *poilues*, graminoïdes, *planes* ; capsule à 1 loge, contenant 3 graines assez grosses. » (Coste [10], t. III, p. 442) [fig. 139].

IV. TYPHACÉES.

CARACTÈRES DISTINCTIFS.

« Fleurs monoïques (fleurs mâles et fleurs femelles séparées portées sur le même pied). Périanthe représenté par des soies ou des écailles ; fleurs mâles nombreuses, de 1 à 5 étamines libres ou soudées à la base ; anthères à 2 ou 4 loges s'ouvrant en long (pl. XXVIII, fig. E, F); fleurs femelles à 1 style persistant terminé par un stigmate simple unilatéral; ovaire libre; fruit sec, coriace, à 1 loge monosperme, indéhiscent ou s'ouvrant à la fin par une fente longitudinale.

«Fleurs verdâtres, jaunâtres ou roussâtres, très petites, en épis serrés, cylindracés ou globuleux, les supérieurs mâles et caducs, les inférieurs fructifères.

«Feuilles alternes ou toutes radicales, longuement linéaires, engainantes, à nervures parallèles» (Coste [10], t. III, p. 435), très entières, à bord uni, sans dentelures, non coupantes. Herbes aquatiques, à souche rampante.

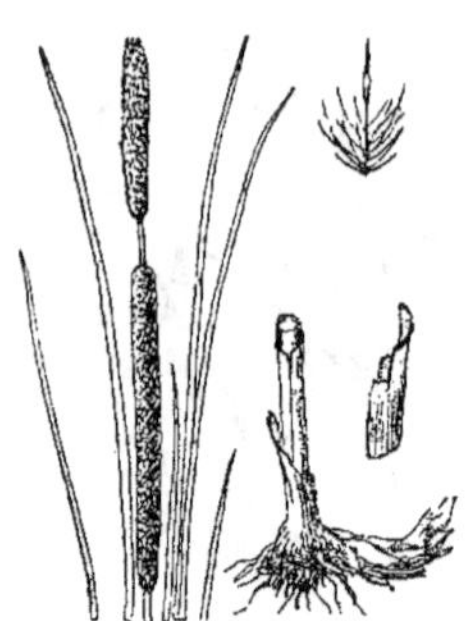

Fig. 140.

Typha angustifolia L.

Massette à feuilles étroites (Coste).

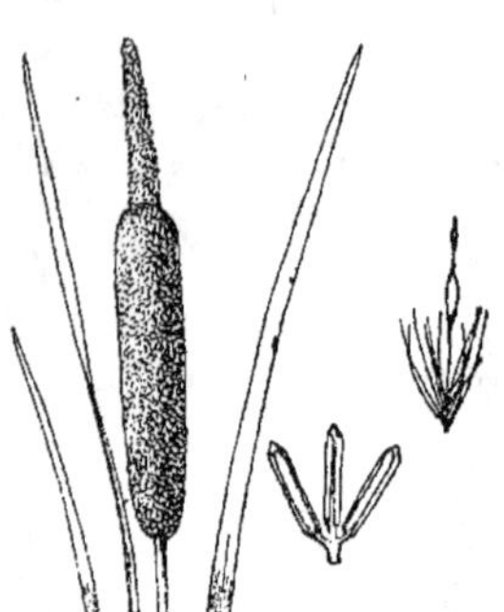

Fig. 141.

Typha latifolia L.

Massette à feuilles larges (Coste).

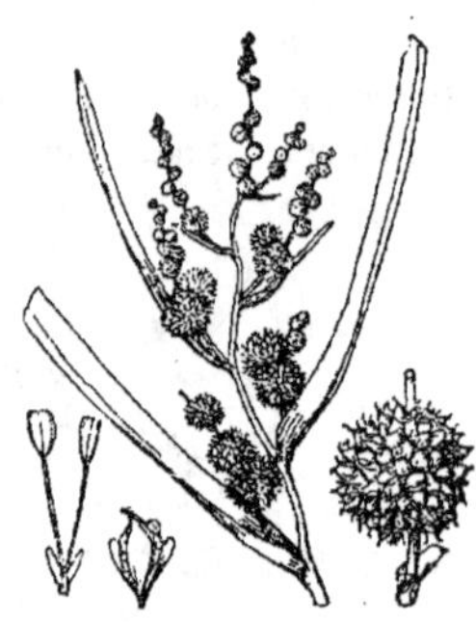

Fig. 142.

Sparganium ramosum Huds.

Rubanier rameux (Coste).

Cette famille ne comprend que deux genres, assez distincts pour qu'on en fasse souvent deux familles différentes (Typhacées, Sparganiacées). Voici leurs caractères essentiels :

1. *Typha* (*Massettes*) [pl. XXVIII et fig. 140, 141]. — *Fleurs* en 2 *épis cylindriques*, terminant la hampe, le supérieur mâle, l'inférieur femelle. Fruits très petits, longuement pédicellés, entourés de nombreuses soies fines. *Feuilles* engainant longuement la tige raide et sans nœuds, toutes radicales, alternes, dressées, coriaces, très allongées, à limbe plan ou un peu creusé en gouttière dans le bas et convexe en dehors, mais *sans carène* saillante.

2. *Sparganium* (*Rubanier*) [pl. XXIX et fig. 142]. — *Fleurs* en *plusieurs têtes globuleuses* garnissant la tige ou les rameaux. Fruits assez gros, sessiles ou subsessiles, entourés de 3 à 5 écailles membraneuses. *Feuilles* radicales et caulinaires alternes, allongées; le plus souvent munies, sur le dos, d'une *carène* médiane saillante, sauf dans les feuilles flottantes, qui sont planes (pl. XXIX, fig. G).

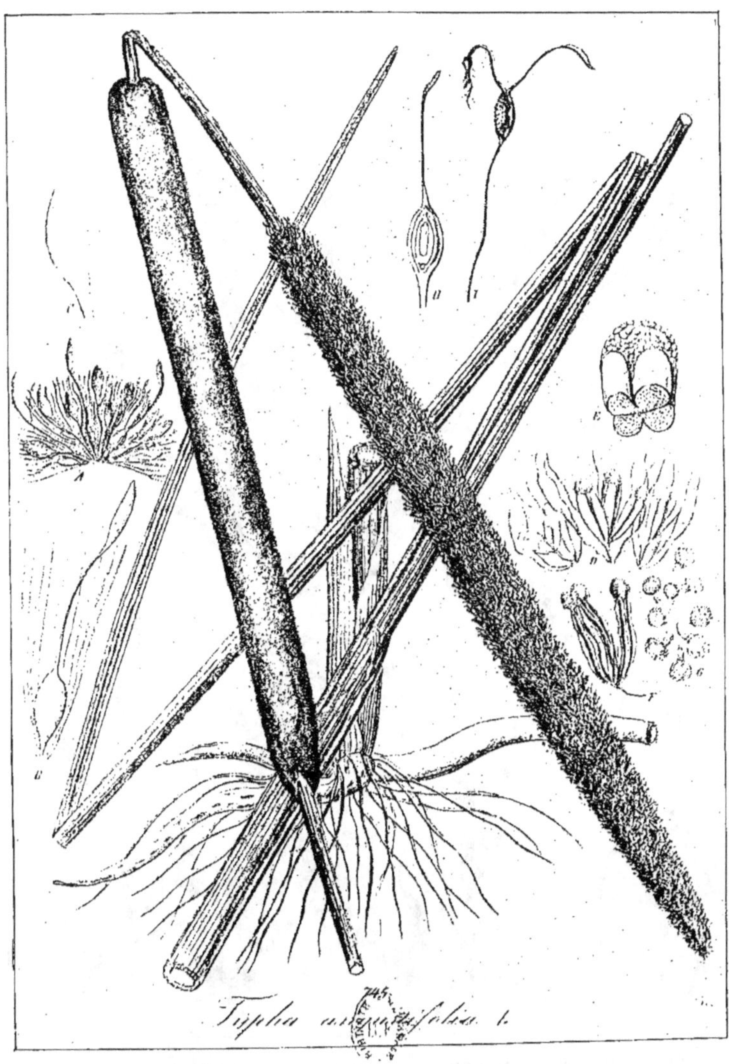

TYPHA ANGUSTIFOLIA L., MASSETTE A FEUILLES ÉTROITES (Reichenbach).

Racines, rhizome et bas de tige; feuille; épis mâle et femelle, réduits; fleurs mâles (D, E, F)
et femelles (A, B, C), fruits (H, I), grains de pollen (G), isolés, très grossis.

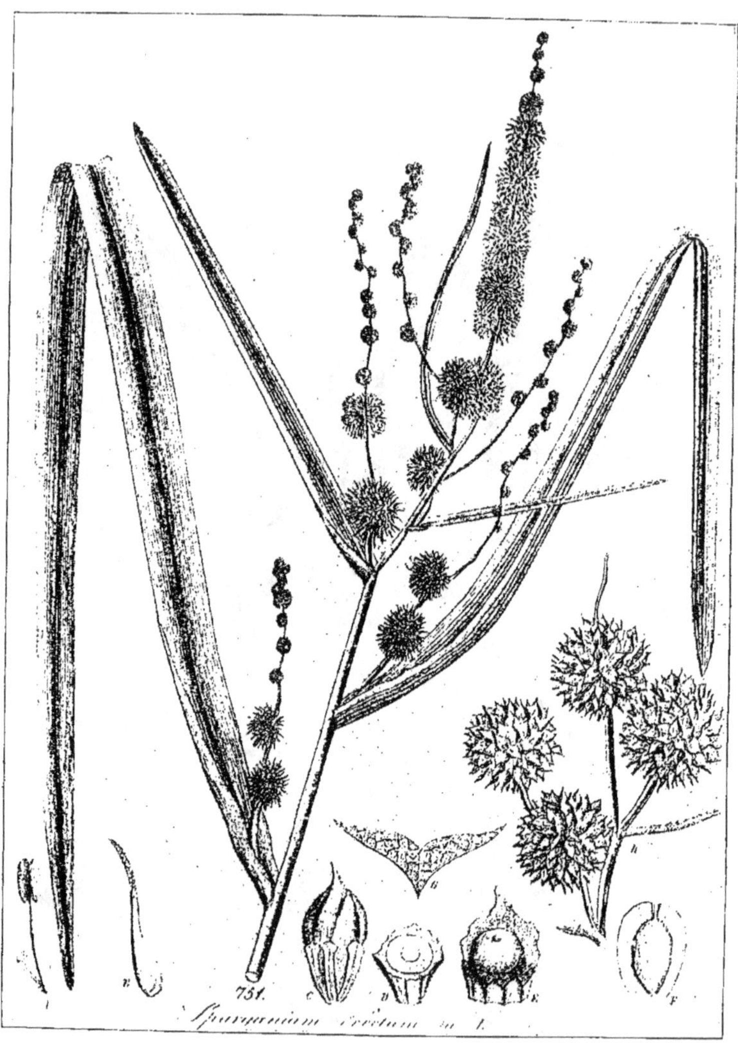

SPARGAMUM RAMOSUM Huds, RUBANIER RAMEUX (Reichenbach).

Haut de tige florifère (751); haut de tige fructifère (*h*); étamine (A) et fruits (C-F) grossis; section transversale triangulaire de feuille (G).

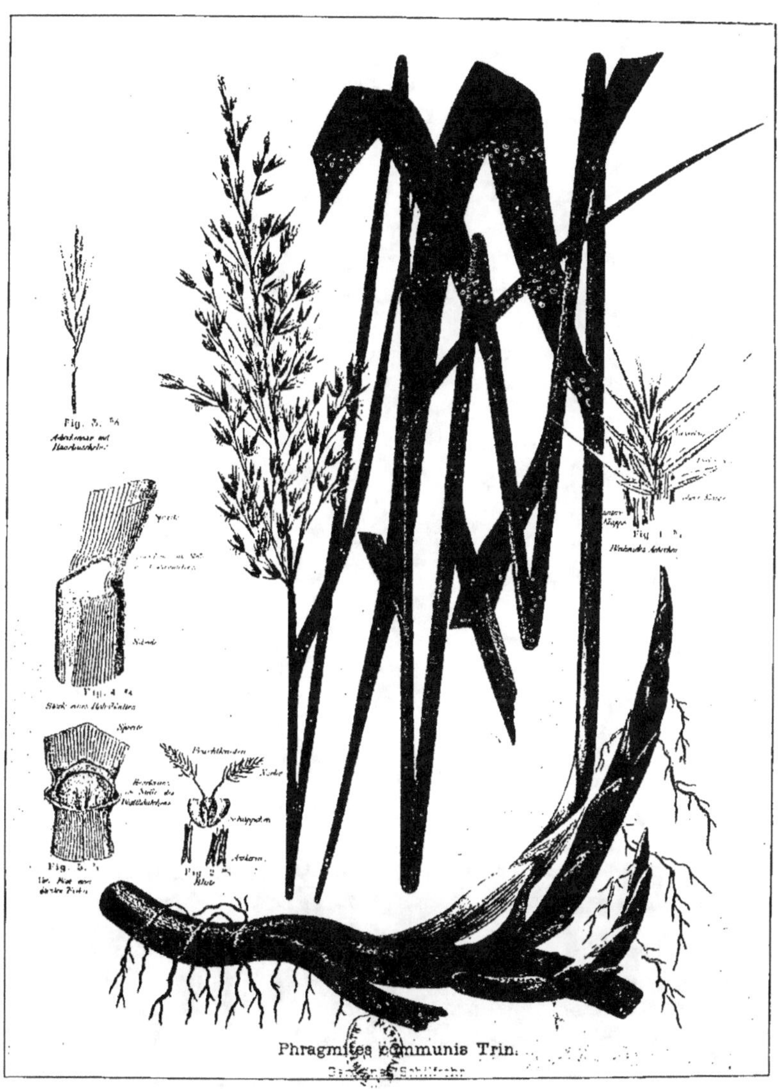

PHRAGMITES COMMUNIS Trin., ROSEAU COMMUN (Stebler, [64] Pl. II, réduite de moitié).

Plante entière avec racines et rhizome. — *Fig. 1.* Epillet en anthèse (gr. : 6/1). — *Fig. 2.* Fleur isolée (gr. : 2/1). — *Fig. 3.* Axe de l'épillet avec les pinceaux de poils (gr. : 2/1). — *Fig. 4.* Fragment de la feuille caulinaire : gaine, couronne de poils remplaçant la ligule, base du limbe (gr. nat.). — *Fig. 5.* Fragment de feuille d'une pousse stérile (mêmes parties).

I. GRAMINÉES.

a. *PHRAGMITES COMMUNIS Trin.* ROSEAU COMMUN.

SOMMAIRE.

1. IMPORTANCE.
2. DÉNOMINATIONS.
3. HISTORIQUE.
4. DESCRIPTION BOTANIQUE.
5. VARIÉTÉS. DISTINCTION DES PLANTES SIMILAIRES.
6. HABITAT.
   (A) Distribution géographique; (B) Altitude;
   (C) Climat; (D) Stations; (E) Sol;
   (F) Épuisement du sol; (G) Engrais;
   (H) Irrigation.
7. VÉGÉTATION.
8. CULTURE.
   (A) Multiplication artificielle.
   α. Semis.
   β. Plantation : 1. Boutures; 2. Plants
   racinés; 3. Éclats.
   (B) Soins d'entretien.
   (C) Parasites.
9. EXPLOITATION.
   (A) Récolte :
   α. Fourrage et litière; β. Litière seule;
   γ. Sagnes; δ. Balais.
   (B) Rendements.
10. UTILISATION.
   (A) Industrie :
   α. Construction; β. Petite industrie;
   γ. Médecine; δ. Teintures; ε. Papier.
   (B) Agriculture :
   α. Fourrage; β. Litière; γ. Engrais;
   δ. Autres emplois agricoles;
   ε. Transformation des roselières
   en prés-fourragers.
   (C) Emplois divers :
   α. Aliment; β. Chasse et pêche;
   γ. Colmatage; δ. Protection
   des rives; ε. Combustible.

1. IMPORTANCE.

Le Roseau Phragmite est la plante la plus répandue, la plus abondante, des plantes de marais, celle qui donne la plus grande quantité de produits et qui se prête aux usages les plus variés.

2. DÉNOMINATIONS.

NOMS BOTANIQUES : *Phragmites communis*, TRINIUS (Fund. Agrost., p. 134) [1820], et beaucoup d'auteurs récents. *Arundo phragmites*, LINNÉ, et un grand nombre d'auteurs à sa suite.

LATIN CLASSIQUE : *Arundo* (pro parte); *Calamus.*

GREC : Κάλαμος Καραχία (THÉOPHRASTE); Φραγμίτης (DIOSCORIDE).

ALLEMAND : *Rohr, Schilf, gemeines Schilfrohr, Teichrohr, Dachrohr, Rieth.*

ANGLAIS : *Common Reed.*

ARABE : Açab, Iraâ.

DANOIS : *Rør, Sip, Tagrør.*

HOLLANDAIS : *Riet, Dekriet.*

ESPAGNOL : *Carriza, Caña borda, Cañeta, Senill* (Valence).

HONGROIS : *Nád, Fedönád.*

ITALIEN : *Canna di palude, Canna da spazzole, Canna salvatica, Cannella, Canneta, Giunco.*

Roumain : *Stuf, Stuh, Trestic.*
Russe : *Kamich, Trostnik.*
Turc : *Kamisch.*
Français : *Phragmite, Roseau phragmite, Roseau commun, Petit Roseau, Roseau des marais, Roseau aquatique, Roseau à balais, Jonc à balais, Balais de silence, Cannette.*

Fig. 143.

Phragmites communis Trin.
Roseau commun (Coste).

Canniou, Sagne, Sagne-abri, Sagne-cabane, Repassage (à l'état vert) [Bouches-du-Rhône]; *Canotte* [Hérault]; *Rôusel, Rôuset* [Aveyron]; *Rousé* [Vendée]; *Raoz, Raoskl, Hesk* [Bretagne].

Terrain couvert de roseau : *Roselière; Phragmitaie* (Magnin [38]); *Phragmitetum, Arundinetum* (Schroeter); *Schilfbestand, Röhricht* (Allemand); *Flachère* (canton de Vaud [21], p. 331); *Rietveld, Rietakker* (Hollandais); *Kamichnik, Mrosinnik* (Russe); *Stufului* (Roumain).

Le nom de *Phragmite* vient du mot grec Φράγμα, clôture, haie : les anciens Grecs, comme leurs successeurs actuels et beaucoup de peuples des côtes méditerranéennes, utilisaient le Roseau pour former des clôtures, des abris et des palissades. (Voir pl. XXXI, B.)

Figures : Excellente planche en couleurs, avec nombreux détails : Stebler [64], p. 89, pl. 11, reproduite (réduite de moitié) pl. XXIX[1] et fig. 143. — Roselière : Kerner [29] I, p. 410 (pl. col.).

3. Historique.

Le *Roseau commun* a été employé dès la plus haute antiquité, à peu près aux mêmes usages qu'à l'époque actuelle. Aux temps préhistoriques, les habitants des villages lacustres fabriquaient de nombreux instruments avec les Roseaux qu'ils avaient sous la main : flèches, baguettes d'oiseleur enduites de glu, etc.

Les Assyriens, les Chinois, les Grecs, les Romains, s'en servaient aussi, et en faisaient de plus des métiers à tisser, des plumes à écrire, des flûtes de Pan, des mesures de longueur, des tuteurs pour les vignes, etc. (Rich [45 *bis*], p. 56 et 91).

Le Roseau a souvent inspiré les poètes et les romanciers, depuis Homère et Virgile, jusqu'à La Fontaine (*Le Chêne et le Roseau*) et à Saintine : «Un faible roseau n'a-t-il pas suffi pour procurer à l'homme sa première flèche, sa première plume, son premier instrument de musique, ses trois grands moyens de conquête!» (*Picciola*).

4. Description botanique.

Le *Roseau commun* est une plante essentiellement drageonnante et stolonifère.

Les nœuds inférieurs de la tige émettent de nombreuses pousses : tantôt celles-ci rampent sur le sol, dans l'eau, ou même s'étendent en flottant à une vingtaine de centimètres au-dessous de la surface du liquide (Massart [40], p. 462) et forment des

____

[1] Je suis très reconnaissant à M. le Dr Stebler de m'avoir autorisé à reproduire dans ce travail la photographie de la planche de son ouvrage qui représente si exactement l'aspect général et les détails d'organisation du *Phragmites communis*.

6 5 4 3 2 1

A. *Typha* (Massettes) des marais de Fos (Bouches-du-Rhône), 22 juillet 1907 (p. 204). De droite à gauche : *T. angustifolia* (1, 5), *T. latifolia* (2), *T. angustata* (3, 4, 6). Réduction : 1/30.

B. Clôture de Roseau phragmite (Vendres, Hérault), 27 décembre 1906 (p. 206, 225).

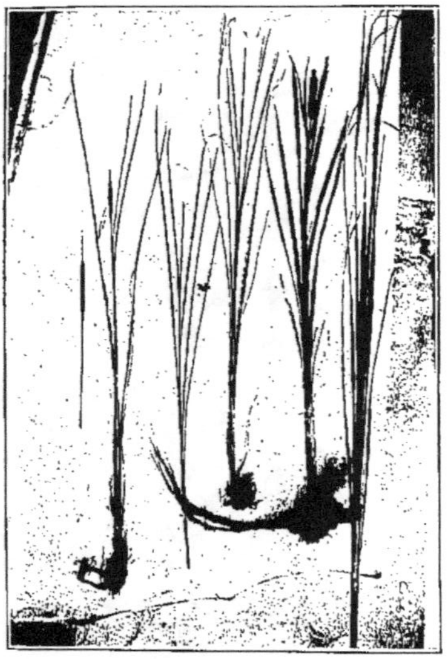

C. Une gerbe de Roseau-fourrage (Marais de Fos), 22 juillet 1907 (p. 218).

stolons dont la longueur peut atteindre 15 mètres (Reissek, *in* Schreiber [56], p. 20), (Royer [51], p. 582); tantôt ces pousses pénètrent dans la vase jusqu'à 1 m. 50 de profondeur (Schroeter [21], p. 43) et constituent des *drageons* proprement dits.

L'épaisseur de ces tiges souterraines, ou *rhizomes*, est considérable, elle va jusqu'à $2^{cm}5$; leur pointe, fortement protégée par des gaines de feuilles enroulées et pressées les unes contre les autres, est très aiguë et présente une grande résistance : elle est un puissant organe de pénétration.

Les *racines* proprement dites sont très développées, comme dans la plupart des plantes aquatiques. Elles forment des faisceaux à chaque nœud du rhizome ou de la base de la tige aérienne, dans toute sa partie immergée. Au moment des basses eaux, on peut même reconnaître le niveau auquel elles se sont élevées, par la présence de ces racines, desséchées, qui pendent des nœuds inférieurs des tiges de Roseaux. Les radicelles sont ténues, flexibles, disposées en touffes lâches.

La *tige aérienne* ou *chaume* du *Phragmite* est lisse et glabre; elle a communément une hauteur de 2 à 3 mètres; elle atteint 5 mètres dans des conditions favorables, et jusqu'à 10 mètres dans des cas exceptionnels (variété *Pseudo-Donax* Asch. et Gr.) (Schroeter [21], p. 42); son épaisseur moyenne est de $1^{cm}5$ et va jusqu'à $2^{cm}5$; en général elle est moins grosse que le doigt. Elle est fragile, se brise facilement.

Feuille. — La *gaine*, ouverte dès la base, est glabre et très finement striée. La *ligule* est constituée par une couronne de poils courts (1 millimètre de long environ), raides, blanchâtres, disposés sur plusieurs rangs (fig. 4 et 5, pl. XXX); au même niveau, les deux bords de la gaine sont prolongés en oreillettes, munies d'un pinceau de longs poils. De même, de longs poils garnissent les bords libres de la gaine. Ces poils ont pour but, d'après Kerner ([29], t. I, p. 88), d'empêcher l'eau et les poussières (spores de champignons parasites, etc.) de pénétrer entre la gaine et la tige.

Le *limbe* est enroulé dans le bourgeon (fig. 123, p. 199).

Immédiatement au-dessus de la couronne de poils de la ligule, se trouve une bande transversale foncée, étroite au milieu, élargie sur les bords en petits triangles, et densément recouverte de soies courtes dressées vers le haut (pl. XXX, fig. 5).

Le limbe atteint une longueur de 40 à 50 centimètres et une largeur de 2 à 5 centimètres. Il est lisse et glabre sur les deux faces, et rude à rebours sur les bords, pourvus de cils raides et fins dirigés vers la pointe de la feuille : si on fait glisser une feuille de haut en bas dans la main, celle-ci peut être blessée (Schkuhr [55], p. 53, pl. XVIII, fig. *f*).

Inflorescence. — «Panicule longue de 10-50 centimètres, dense, raide, dressée, d'un brun violacé ou roussâtre, parfois noirâtre; épillets longs de 10-12 millimètres, à 2-7 fleurs (l'inférieure mâle, les autres hermaphrodites); glumes très inégales, l'inférieure de moitié plus courte, entière, lancéolée-aiguë, toutes glabres et plus courtes que les fleurs; glumelle inférieure acuminée, glabre» (Coste [10], t. III, p. 561). Une couronne de poils se trouve à l'insertion des rameaux inférieurs de la panicule, et un faisceau de longues soies brillantes à la base de chaque fleur hermaphrodite.

La floraison commence par le sommet; les glumes et glumelles s'écartent, laissant voir les longs poils soyeux : par suite la panicule, d'abord violet noir, forme un panache blanc argenté. En même temps les trois étamines et les deux stigmates de chaque fleur font saillie au dehors. Les fleurs sont très rarement fertiles.

Le fruit est petit, muni d'un hile longitudinal.

5. Variétés.

Dans le *Phragmites communis*, le port, la ramification, la forme et la grandeur de la panicule et des épillets, etc., sont très variables. La distinction de ces nombreuses *variétés*, considérées par quelques botanistes comme *espèces* différentes, a un grand intérêt pratique, car, parmi elles, certaines se développent beaucoup plus que d'autres, et par suite procurent des rendements bien plus considérables, comme quantité et surtout comme qualité et comme valeur marchande.

Ascherson et Graebner (*Synopsis* [1], t. II, 1re partie, p. 727-732) groupent les variétés ou formes d'**Arundo Phragmites L.** de la manière suivante :

(A) Glumelle inférieure au plus 2 fois plus longue que la glume supérieure.

    (i) Épillets à 3-5 fleurs.

        (*a*) legitima. Plante ne dépassant guère 3 m. 50. Tige de 0 cm. 5 à 1 centimètre d'épaisseur. Panicule de 30 centimètres de long environ. — C'est la *race* la plus fréquente. Elle fleurit en juillet-août, et comprend à son tour les formes suivantes :

            (1) **flavescens.** Panicule brun-jaune clair. — Allemagne du Sud.

            (β) **pumila.** Plante petite (30-60 centimètres) à panicule de 6-10 centimètres. Lieux secs. Rare.

        (2) **typica.** Panicule d'un brun foncé un peu violacé. Forme la plus fréquente. Comprend les sous-variétés suivantes :

            (α) Tiges aériennes toutes dressées, non rampantes.

                (x) **genuina.** Paniculé contractée, à rameaux dressés. — Forme de beaucoup la plus fréquente, dont la variation **violascens**, à épillets violet vif, est très remarquable.

                (xx) **effusa.** Panicule unilatérale, à rameaux grêles, pendants. Assez rare.

            (β) **stolonifera.** Tige feuillée rampante, atteignant 10 mètres de long. Se trouve souvent sous la forme **subuniflora**, à épillets uniflores. — Lieux secs, très argileux, ou salés, recouverts par la mer de temps en temps.

        (*b*) pseudodonax. La plante entière atteint 10 mètres de haut, les feuilles, 5 centimètres de large, la tige, 2 centimètres d'épaisseur, la panicule, 50 centimètres de long. Épillets brun clair. — Connue seulement, jusqu'ici, d'une façon certaine, en Basse-Lusace, vers Luckau [1], est probablement la forme géante de Roseaux répandue sous les Tropiques.

    (ii) humilis. Épillets à 7-8 fleurs, épais. Plante naine, des régions chaudes, probablement spéciale aux terrains salés (*Phragmites maritimus* Mabille), nettement caractérisée.

---

[1] A 75 kilomètres au sud de Berlin; plaine basse sablonneuse.

(B) **Isiaca** = *Arundo maxima* Forsk = *Arundo altissima* Bentham = *Phragmites gigantea* Gay (fig. 144).
Glumelles inférieures plus de 2 fois plus longues que les glumes supérieures. Plante très grande
(4-6 mètres de haut); panicule très longue (20-50 centimètres) et épaisse. Feuilles lisses même
sur les bords. Poils qui remplacent la ligule inégaux, ceux du milieu plus longs [1]. — Fleurit
en septembre-octobre (un mois plus tard que la forme *typica*). — Région méditerranéenue. Très
rare en France. — Varie à panicule très grande et épaisse, jaune d'or brillant (Corse) [**A. phragmites chrysantha**], la plus belle forme du genre Arundo.

    Forme **stenophylla** : plante rampante, très noueuse et très ramifiée, des contrées chaudes et
sèches (nord de l'Afrique et région méditerranéenne).

    Variétés à feuilles panachées : *m.* striati picta.

    Parmi les nombreuses formes ou variétés qui précèdent, deux méritent plus particu-
lièrement de retenir notre attention : l'*Arundo phragmites Isiaca* A. et G. (*Arundo maxima*
Forsk), et surtout l'*Arundo phragmites pseudodonax* A. et G. Par leurs grandes dimensions, ces plantes sont probablement susceptibles de donner de plus forts rendements

Fig. 144.
Phragmites Isiaca Rchb.
Arundo maxima Forsk (Coste).

Fig. 145.
Arundo Donax L.
Grand roseau, canne de Provençe
(Coste).

Fig. 146.
Phalaris arundinacea L.
Alpiste roseau (Coste).

que le Roseau ordinaire, et des produits de valeur supérieure; ne pourraient-elles
pas même remplacer, dans une certaine mesure, le Grand Roseau (*Arundo Donax*),
qui ne réussit pas en plein marais? Il serait intéressant d'introduire ces deux variétés,
à titre d'essai, dans nos marais les plus riches, et de vérifier si leur exploitation est
réellement avantageuse. Jusqu'ici je n'ai pu me procurer à leur sujet aucun renseigne-
ment pratique.

DISTINCTION DES PLANTES SIMILAIRES.

    Le *Roseau phragmite* est fréquemment pris pour le *Grand Roseau* ou *Canne de Pro-
vence* (*Arundo Donax* L.) [fig. 145], mais celui-ci est généralement plus grand dans
toutes ses parties; sa *tige* atteint normalement de 3 à 5 mètres de haut, et dépasse la
grosseur du doigt; elle est solide, se brise difficilement; les *feuilles*, larges de 3 à 6
centimètres ou même plus, très longues, sont *lisses sur les bords* et non tranchantes; à
la base du limbe, la *ligule*, tronquée, et très courte mais *pas nulle*, est brièvement

---

[1] Dans le *Phragmites communis* ordinaire, les feuilles sont rudes sur les bords, et les poils qui remplacent la ligule sont courts et tous égaux. Dans les *Arundo Donax* et *Pliniana*, la ligule est très courte
mais n'est pas nulle.

    M. Gèze.   5

ciliée et prolongée de part et d'autre par une oreillette allongée. La panicule, vert blanchâtre ou violacée, est formée d'épillets dont les *glumes* sont *presque égales*. Enfin, le *Grand Roseau* vient en général dans des stations moins humides que le *Petit Roseau*.

Le *Roseau commun* est souvent mêlé à l'*Alpiste-roseau* (*Phalaris arundinacea L.*) [fig. 146] avec lequel on pourrait le confondre. Il s'en distingue aisément par la ligule, longue dans l'Alpiste, absente et remplacée par des poils dans le Roseau. De plus, les feuilles supérieures de l'Alpiste sont vert clair et éloignées de la panicule; celles du Roseau en sont très rapprochées, et vert de mer. Enfin les épillets du Roseau sont brun noir et contiennent de longs poils blancs tandis que les graines d'Alpiste sont brillantes et sans faisceaux de poils.

6. Habitat.

(A) *Distribution géographique.* — Le *Roseau phragmite* est une plante extrêmement cosmopolite, répandue sur toute la surface du globe, jusque dans la région arctique où elle atteint la latitude de 70 degrés; elle ne manque que dans les régions glacées.

De toutes les espèces végétales de nos pays, c'est peut-être celle qui a l'aire géographique la plus vaste.

(B) *Altitude.* — Le *Roseau commun* s'élève dans les Alpes jusqu'à 1,850 mètres (STEBLER) exceptionnellement, il y est rare dans la zone subalpine, et ses graines n'y mûrissent pas au-dessus de 600 à 800 mètres (SCHREIBER [56], p. 23).

(C) *Climat.* — Malgré sa vaste expansion, qui semble indiquer une grande résistance aux rigueurs du climat, le *Phragmite* ne se développe pas normalement dans les régions à température trop basse; à une altitude élevée, ou dans les contrées froides du nord, il reste chétif, forme des peuplements très clairs, son inflorescence est réduite ou nulle, et il ne fructifie pas (SCHREIBER [56] p. 23).

(D) *Stations.* — Le *Roseau commun*, plante « éminemment sociale, occupe le sol déposé sur le bord des rivières, des fossés et des étangs. Il dessine de loin les cours d'eau dont sa présence embellit les rives et où il constitue de véritables forêts dont la vase profonde interdit l'entrée» (LECOQ [34], t. IX, p. 187). Voir aussi KERNER ([29], t. I, p. 410 (pl. col.) et t. II, p. 545.)

Avec le Dr STEBLER [64] on peut classer les stations du *Phragmites communis* de la manière suivante :

(1) Terrains bas couverts d'eau stagnante ou à faible courant;

(2) Terrains souvent inondés, prairies très humides, prés-litières de *Carex* et de *Molinie;* gazons tremblants;

(3) Fossés, trous de tourbières, bras morts de rivières, étangs, mares, carrières de gravier;

(4) Suintements, sur les pentes;

(5) De préférence dans des situations ensoleillées, çà et là aussi dans les forêts marécageuses, mais alors stérile.

Dans les premières stations, sur les rives basses des lacs et des eaux courantes, où il forme la *zone d'atterrissement*, ses rhizomes s'allongent jusqu'à une profondeur d'eau

ROSELIÈRES.

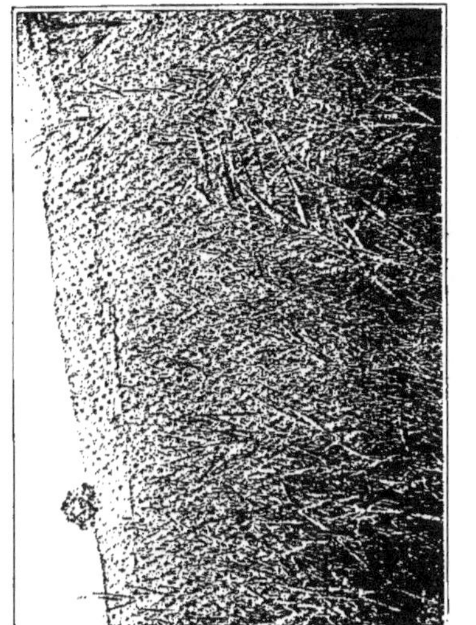

B. Pré-litière de *Carex* envahi par les roseaux, par suite de l'excès d'irrigation, à Uznach (Suisse), 14 août 1906 (p. 213).

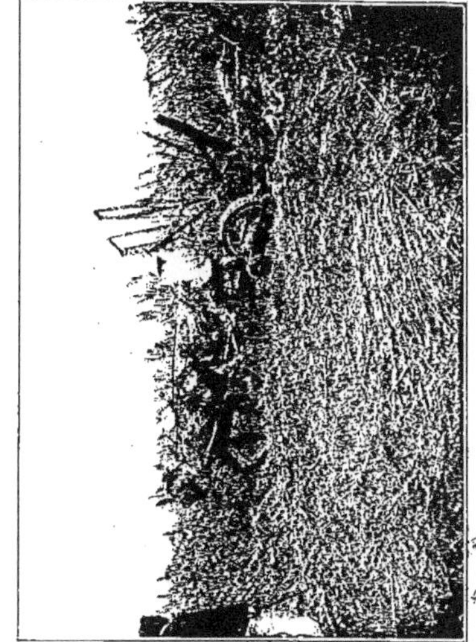

D. Récolte des roseaux à l'aide d'une moissonneuse-javeleuse. Marais de Méjeanne (Camargue), 2 août 1906 (p. 218).

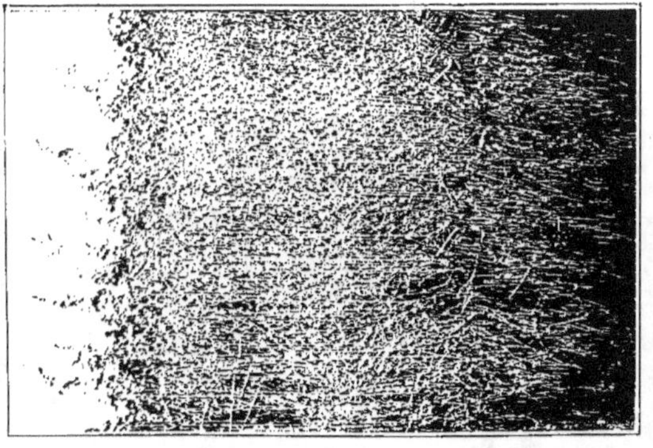

A. Association des *Pragmites* avec les *Carex stricta, acuta, paludosa*. Pradal de Montralès (Aveyron), 7 novembre 1905 (p. 111).

C. Roselière plantée à Rozenburg (Bouches du Rhin), 3 juin (p. 215).

de 2 m. 50, où ils émettent encore des tiges qui s'élèvent de beaucoup au-dessus de la surface du liquide.

Les marais de Hongrie sont couverts, par endroits, de forêts de Roseaux, parcourues en tous sens par des canaux en labyrinthe qui séparent des îles garnies de Phragmites; au milieu de ces marais se trouvent quelquefois de grandes étendues d'eau libre, rarement visitées par l'homme, qu'arrête la bordure des roselières, mais peuplées d'innombrables oiseaux aquatiques (Kerner [29], t. II, p. 562).

Le *Phragmites communis* est une plante de *tourbières plates* ou de marais non tourbeux; il ne se trouve que très rarement dans les *tourbières hautes* (*Hochmoore*), et seulement lorsque la couche de *tourbe haute* est inférieure à 50 centimètres (Schreiber [56], p. 22); même alors son développement est incomplet, comme dans les conditions trop froides dont nous avons parlé plus haut.

Le Roseau est fréquemment associé, dans les prés-litières, à la *Molinie* (*Molinia cœrulea*), à l'*Alpiste-roseau* (*Phalaris arundinacea*), aux *Carex stricta* et *acuta* (pl. XXXII, A), *Equisetum limosum*, etc.

Sur les côtes méditerranéennes, il voisine du côté de la terre avec le *Grand Roseau* (*Arundo donax*).

Il s'unit souvent à des espèces qui jouent le même rôle que lui sur le bord des eaux pour favoriser les atterrissements : *Gros Jonc* (*Scirpus lacustris*), *Carex filiformis*, *Cladium mariscus*, etc. Plus en avant dans l'eau, il se mêle aux *Nénuphars* (*Nymphœa alba* et *Nuphar luteum*) et aux *Potamots* (*Potamogeton natans* et *lucens* entre autres).

(E) *Sol.* — Le *Roseau commun* n'est guère plus exigeant pour le sol que pour le climat : il pousse dans presque tous les terrains; nous avons vu pourtant qu'il est très rare dans les *tourbières hautes* et d'autre part le sel marin nuit à son développement; dans les eaux saumâtres il reste chétif et ne fleurit pas régulièrement (Massart [40], p. 461); il préfère les sols vaseux riches, les limons substantiels, aux graviers pauvres en substances nutritives et aux argiles compactes. Au bord des rivières de la Belgique littorale, il s'avance plus profondément dans l'eau sur le sable que sur la vase, sans doute parce que celle-ci ne lui procure pas un appui assez ferme pour résister à la violence des vents et des courants; mais il n'y fleurit pas, tandis qu'il acquiert son complet développement dans les limons riches en matières nutritives de ces mêmes rivières (Massart [40], p. 450).

Dans les lacs de la Suisse, au contraire, le Dr Stebler a constaté sa plus grande profondeur sur les sols vaseux ([64], p. 94), probablement parce que les vents y sont moins violents et les eaux moins agitées que dans les cas observés par M. Massart.

De même, dans le lac d'Annecy, M. Le Roux ([35 *bis*] p. 22) a observé la préférence du *Phragmites communis* pour les sols limoneux et meubles, où il s'avance jusqu'à 3 mètres de profondeur.

(F) *Épuisement du sol.* — Dans des expériences poursuivies de 1902 à 1908 sur la végétation des plantes aquatiques, M. J. Massart a constaté l'appauvrissement rapide en sels nutritifs, surtout en potasse, d'une eau où se développaient de nombreuses hydrophytes.

Les *Phragmites*, *Glyceria aquatica*, *Scirpus maritimus* et *lacustris*, *Carex vulpina*, *pseudocyperus* et *riparia*, parmi les plantes dont nous aurons à nous occuper, manifestaient par

5.

leur état chétif le tort que leur causait la pauvreté de l'eau en acide phosphorique, potasse et chaux. Au contraire *Schœnus nigricans* et *Scirpus palustris* avaient, dans les mêmes conditions, une végétation vigoureuse, ce qui prouve leurs moindres exigences au point de vue de la richesse du sol ou de l'eau (Massart [40], p. 320, 322, 384, 390).

(G) *Engrais.* — Les expériences de M. Massart, confirmées et complétées par celles que j'ai entreprises moi-même, indiquent l'utilité des engrais pour augmenter la production d'un grand nombre de plantes de marais, et entre autres du *Roseau commun*. Comme toutes les Graminées que nous cultivons, et plus que beaucoup d'entre elles à cause de ses rendements considérables, il ne peut donner des produits abondants que s'il trouve à sa portée, dans le sol ou dans l'eau, des quantités importantes d'azote, d'acide phosphorique, de potasse et de chaux.

On pourrait considérer comme un engrais la cendre qui résulte de la combustion des Roseaux sur pied, à la fin de l'hiver, pratiquée en divers pays, notamment dans les Bouches-du-Rhône, l'Hérault, l'Aveyron. Dans ces deux derniers départements, cette opération a surtout pour but de favoriser le développement d'une autre espèce plus appréciée, *Typha*, à Vendres (Hérault), *Carex stricta*, dans l'Aveyron, tandis que dans les marais de Fos (Bouches-du-Rhône), c'est le Roseau lui-même qui en profite seul.

(H) *Irrigation.* — Le *Roseau* s'accommode de tous les degrés d'humidité, depuis celle des terrains seulement frais jusqu'à la pleine eau, où il s'avance à 2 mètres et quelquefois à 3 mètres de profondeur. Il peut même supporter un desséchement momentané de la surface du sol, grâce à la puissance de son système souterrain qui va chercher l'humidité très profondément. Pour donner les produits les plus abondants, il demande toutefois un arrosage copieux : le plus souvent c'est le procédé de la submersion qui lui est appliqué, car il ne craint pas la stagnation de l'eau.

Toutefois en Hollande, notamment dans les environs de Rotterdam, où le Phragmite est très employé pour achever de consolider les vases mouvantes des rivages du bas Rhin, déjà fixées par une plantation préalable de *Scirpus lacustris*, on a remarqué que le Roseau ne prospère pas sur les terrains toujours couverts d'eau, mais seulement là où, par l'effet des marées, le sol se découvre pendant quelques heures chaque jour. On creuse même des fossés dans la Roselière pour faciliter l'écoulement de l'eau et l'aération du sol à chaque marée descendante.

Dans le delta du Rhône, les Roselières, qui couvrent plusieurs milliers d'hectares, sont arrosées, d'après M. Carrier ([7], p. 114), de la manière suivante :

«A l'état naturel, ces terrains bas sont recouverts d'eau salée qui empêche toute végétation. Lorsqu'on a à sa disposition de l'eau douce à bon marché, il est facile de transformer ces étangs qui ne peuvent produire que du poisson, en marais roseliers dont la valeur locative annuelle varie de 20 à 40 francs par hectare. Il suffit, de préférence au moment des crues du Rhône, pour éviter des frais d'exhaustion, d'introduire en abondance des eaux douces dans l'étang qu'on se propose de transformer. Au bout de 2 à 3 ans, l'eau est devenue assez pure et la surface du sol elle-même est assez débarrassée de sel pour que la végétation, spéciale aux marais roseliers du bas Rhône, se développe spontanément.

«Pour assurer l'entretien des marais ainsi créés, il faut renouveler l'eau assez souvent pour qu'elle reste douce; on se contente le plus souvent de le faire au printemps.

Vers le 20 juin, on ferme le canal d'amenée, on ouvre les fossés d'écoulage, et on laisse le marais achever de se dessécher sous l'action du soleil. Autant que possible, l'exploitation de la première coupe ne devrait avoir lieu qu'à sec; de même le pâturage de la seconde coupe ne devrait s'effectuer qu'à sec. »

Quelques exemples montreront la nécessité d'une irrigation abondante pour favoriser le développement du *Roseau commun* :

En Camargue (delta du Rhône), une partie de l'étang de Méjeanne, appartenant à M. Chaffin, d'Arles, n'avait autrefois que du Roseau pur; mais à la suite d'un hiver pendant lequel le marais était resté sans eau, pour faciliter la chasse au canard, le Roseau a été envahi, en 1904, par le *Gros Jonc* (*Scirpus lacustris* L.), qui n'est pas utilisé dans cette localité. Ordinairement ce terrain est submergé de novembre à juin.

Par contre, en Suisse, à l'origine du lac de Zurich, près d'Uznach, où l'on exploite comme litière le *Carex stricta*, j'ai vu, en 1906, celui-ci complètement envahi par le Roseau, dans les carrés de submersion où on avait laissé l'eau trop longtemps les années précédentes, en mars-avril, pendant trois à six semaines (pl. XXXII, B).

Dans les marais de Fos (Bouches-du-Rhône) on a souvent constaté la nécessité de maintenir l'eau dans les Roselières, en mai-juin, pendant un mois environ, pour obtenir un fourrage abondant.

Le *Phragmite* ne semble guère sensible à la nature de l'eau; une forte proportion de matières minérales ne lui nuit pas, et il ne souffre que d'une trop grande concentration du sel marin.

7. Végétation.

Croissance et développement. — Les premières pousses commencent à sortir de terre, dans le jardin d'essai de Zurich (Stebler [64], p. 92), à la fin de mars ou au commencement d'avril; elles se terminent d'abord en pointe aiguë, d'où sort bientôt une petite feuille; elles ont fini de grandir à la fin d'août, et atteignent alors en moyenne 2 m. 50. A l'état sauvage, de nouvelles pousses se développent pendant tout l'été, et atteignent plus tard les dimensions des premières, mais ne forment pas de panicule. C'est pour cela qu'à côté des tiges fertiles on trouve des chaumes stériles, et même, sur les sols peu favorables, aucune pousse ne possède d'inflorescence. En juillet, les premiers panaches sortent de leur gaine et la floraison commence un mois plus tard; les poils, saillant hors des glumelles entr'ouvertes, brillent au soleil, et les feuilles bruissent sous l'action du vent.

Les tiges peuvent atteindre, nous l'avons vu, 4 à 5 mètres de haut, et jusqu'à 10 mètres dans certaines variétés.

Les *semences* ne mûrissent qu'en hiver. Elles restent enfermées dans les glumelles où elles achèvent leur maturation en janvier. Quand le Roseau n'est pas coupé, les panicules persistent en partie jusqu'à l'apparition des nouvelles tiges, ou bien jusqu'à ce que les oiseaux les emportent pour faire leur nid, ou que le vent les brise. Les chaumes raides demeurent encore debout pendant une ou deux générations, jusqu'à ce qu'enfin ils se cassent et tombent.

Comme la plupart des plantes à rhizome ou à tubercules, c'est en automne surtout que le Roseau accumule dans ses parties souterraines les réserves nécessaires à sa puissante végétation printanière, aussi convient-il pour favoriser son développement, de le faucher le plus tard possible.

8. Culture.

La création des Roselières est à recommander dans les trois cas suivants :

1° Pour faire produire un revenu aux terres recouvertes par une épaisseur d'eau inférieure à 2 m. 50 ; les mares, les étangs, les bords des lacs peuvent être ainsi utilisés alors qu'ils ne rapportent rien ordinairement ; M. Weiss, à Bregenz, a gagné de cette manière, depuis quarante ans, une grande étendue de terrains sur les bords du lac de Constance. Ce procédé est appliqué aussi, comme nous le verrons plus loin, par les riverains de la Basse-Loire, pour tirer parti des grèves de ce fleuve.

2° Pour fixer les rivages et les protéger contre l'érosion.

3° Pour constituer des refuges pour les oiseaux et les poissons.

(A) *Multiplication artificielle du Roseau.*

α. Semis. — On recueille les panicules quand les tiges sont desséchées et que les graines sont bien mûres, au mois de janvier. Les semences sont assez rares et doivent être dépouillées de leurs enveloppes, si on désire se rendre compte de leur nombre. On les aperçoit aussi, par transparence, en tenant la panicule vers la lumière. Au début du printemps, en mars-avril, on pétrit ces graines avec de la vase argileuse, et on en forme des boules que l'on jette dans les endroits que l'on veut garnir de Roseaux et où l'eau est peu profonde (Délius [12], p. 201). Dans la neige, on peut jeter les semences telles qu'on les recueille, sans les mêler de terre (Schroeter [58], t. II, p. 36).

Les graines germent bien, en général, mais se développent très lentement.

β. Plantation. — La multiplication par le semis est toujours aléatoire et les revenus se font longtemps attendre ; en général, il vaut mieux recourir à la plantation.

On peut planter, soit des boutures de tiges ou de rhizomes, soit des plants racinés, soit enfin des éclats de touffes, des mottes de gazon.

1. *Boutures.* — Pour la plantation des boutures, on coupe en juillet les tiges hautes de 1 m. 50 et on les maintient par de petits piquets à l'endroit voulu. On peut faire cette opération de deux manières, d'après Délius ([12], p. 201).

Tantôt on forme des tortillons en enroulant les tiges vertes de Roseaux, sans briser les chaumes, et on les maintient dans l'eau par des piquets, de telle sorte qu'ils nagent à la surface de l'eau, s'élevant et s'abaissant avec elle. Les racines se développent en partant de chaque nœud et s'allongent jusqu'à ce qu'elles atteignent le sol, où elles se fixent. On a ainsi, de distance en distance, des rangées de tortillons marcottés. Ce procédé demande une grande quantité de tiges de Roseaux.

On peut aussi employer un autre moyen, qui consiste à réunir en faisceaux, avec un lien, 6 à 10 boutures de Roseaux, que l'on plante obliquement dans la terre, assez profondément pour qu'elles puissent résister à l'agitation de l'eau ; on pose par dessus une pierre lourde pour mieux les fixer ; on laisse leur moitié supérieure dépasser la surface de l'eau, dont le mouvement rend néanmoins la réussite incertaine.

Jessen ([28], p. 38) conseille de prendre des boutures munies de deux ou trois nœuds dont les yeux (bourgeons) soient bien intacts, et de les mettre dans les places longtemps abritées contre l'agitation de l'eau; il recommande de planter autour d'elles des *Acorus calamus* (*Roseau aromatique*). Les boutures doivent avoir un œil au-dessus du niveau ordinaire de l'eau. On les enfonce de 3o à 4o centimètres dans la vase, en les espaçant de 5o à 6o centimètres. Il faut éviter de fendre ou de briser le chaume. L'époque la plus favorable est la fin de juin (en Allemagne).

Dans les environs de Rotterdam (Hollande), la plantation des boutures de rhizomes a lieu pendant tout le mois de mai, dans les alluvions déjà fixées par une plantation préalable de *Scirpus lacustris*. Avec une petite bêche à manche très court, on fait dans la vase une fente oblique qu'on maintient entr'ouverte avec la bêche pendant qu'on y introduit un fragment de rhizome de 2o à 3o centimètres de long; on a soin de laisser hors de terre l'extrémité de la bouture, sur 5 centimètres environ; en retirant la bêche, la fente se referme, et on tasse au besoin la vase avec le pied. On écarte les boutures de 75 centimètres environ (un pas) en tous sens (pl. XXXII, C).

2. *Plants racinés.* — Pour avoir plus de chances de succès, il vaut mieux planter des tiges de Roseau isolées, dans une partie très limoneuse de l'étang ou d'un fossé, à l'abri du vent, et arracher en automne, avec précaution, les boutures enracinées pour les planter avec une bêche à leur place définitive.

Mueller [41] recommande, dans les eaux agitées, de mettre les racines dans un tuyau de drainage enfoncé verticalement dans le sol, pour mieux protéger la plante contre les vagues. Une fois que la racine a pris possession du sol, elle peut s'étendre bientôt sur une grande surface.

3. *Éclats.* — Le moyen le plus rapide et le plus sûr pour constituer une Roselière est celui qu'emploient les riverains de la Basse-Loire pour en fixer les grèves mouvantes, et qu'a mis en pratique M. Weiss, à Bregenz, dont j'ai visité, en 1906, les plantations sur le bord du lac de Constance. Après avoir fauché les tiges de Roseau, on découpe, à l'aide d'une bêche, le gazon en mottes de 2o à 25 centimètres de large, constituées par une masse de rhizomes et de racines entrelacés, et on les met dans les endroits où l'eau est calme et peu profonde, que l'on veut garnir de Roseaux. Si c'est nécessaire, on fixe les mottes à l'aide de petits piquets. L'opération se fait en mars-avril en Suisse et dans la France moyenne; on devrait l'exécuter un mois plus tôt dans nos provinces méridionales.

Après l'achèvement du travail, il faut, dans tous les cas, si on le peut, recouvrir d'eau la nouvelle plantation pour la mettre à l'abri du froid sec.

Les rhizomes, qui rayonnent dans toutes les directions, atteignent souvent, dès la première année, une longueur égale à la hauteur des tiges. On peut en déduire avec quelle rapidité le Roseau peut s'étendre et pulluler, lorsqu'il trouve un sol qui lui convient.

Néanmoins, quelle que soit la méthode employée pour établir la Roselière, ses produits restent faibles pendant trois à cinq ans, jusqu'à ce que les plantes se soient assez fortifiées et multipliées pour former un peuplement compact.

(B) *Soins d'entretien.*

Par suite de la vigueur de végétation des Roseaux, lorsque l'irrigation est bien conduite, la Roselière ne nécessite aucun soin d'entretien, si ce n'est pour maintenir l'irrigation elle-même dans de bonnes conditions : nettoyage des rigoles, entretien des talus et des vannes, etc. Les mauvaises herbes ne sont pas à craindre, car elles sont étouffées par les Roseaux, pourvu qu'on leur procure des arrosages copieux pendant leur période de végétation.

Pour ce qui concerne les engrais et les irrigations à appliquer au *Roseau commun*, voir plus haut, p. 212.

Nous avons vu (p. 212) que dans certaines régions on brûle en hiver les Roseaux sur pied, soit pour favoriser le développement du *Carex stricta* (Aveyron) ou des *Typha* (Vendres, Hérault, où l'opération se fait en novembre-décembre), soit au contraire pour favoriser le Roseau lui-même, dans les marais de Fos (Bouches-du-Rhône) où le feu est mis en mars aux parties qu'on n'a pas eu le temps de couper pendant le courant de l'hiver.

(C) Parasites.

Le *Phragmites communis* est attaqué par beaucoup de parasites. Dans la dernière édition (1906) de son ouvrage sur les Maladies des plantes, le Dʳ O. KIRCHNER [30] en décrit 44 espèces (p. 184-189), groupées de la manière suivante :

I. MALADIES DE LA PANICULE ET DES FLEURS.

Champignons . . . { *Claviceps microcephala* TUL. (Ergot).
                  { *Sclerospora graminicola* SCHROETER.
Insectes diptères.. *Lipara similis* SCHIN. (Galle); *L. lucens* MG. (Galle).

II. MALADIES DU CHAUME.

A. Renflements :

Champignons . . . *Ustilago grandis* FR. (Charbon).
Diptères. . . . . . { *Lasioptera flexuosa* WINN. (Galle).
                    { *Epidosis Phragmitis* GIR. (Galle).
Hyménoptère. . . . *Isosoma* sp.

B. Insectes rongeant la moelle : très nombreux, les plus fréquents sont :

Lépidoptères. . . . { *Nonagria geminipunctata* HATCH.; *N. neurica* HB.
                    { *Leucania impudens* HB.; *L. impura* HB.; *L. obsoleta* HB.
                    { *Chilo phragmitellus* HB.; *C. cicatricellus* HB.
Hyménoptères. . . *Cephus Arundinis* GIR.

C. Galles de l'intérieur du chaume :

Diptère. . . . . *Perrisia inclusa* FRFLD.

D. Taches noires à la surface externe du chaume :

Champignon. . . . *Placosphaeria rimosa* OUD.

III. MALADIES DES JEUNES POUSSES.

A. Insectes dévorant l'intérieur des jeunes pousses :

Lépidoptères. . . . *Schœnobius gigantellus* SCHIFF.
Diptère. . . . . *Lasioptera Arundinis* SCHIN.

B. Galles :

    Diptères........   *Lipara lucens* Meig.; *L. similis* Schin.; *L. rufitarsis* Loew.
    Acarien........   *Tarsonemus* sp.

IV. Maladies des feuilles et des gaines.

A. Taches causées par :

    Champignons ... {
  Puccinia Phragmitis Körn.; *P. Magnusiana* Körn.; *P. Trailii* Plowr.;
    P. obtusata Otth. (rouilles).
  Scirrhia rimosa Fckl.
  Placosphaeria dothideoïdes Sacc.
  Napicladium arundinaceum Sacc.
  Septoria arundinacea Sacc.; *S. Phragmitis* Sacc.; *S. littoralis* Speg.

B. Insectes dévorant l'intérieur du parenchyme vert des feuilles :

    Lépidoptères .... {
  Elachista tæniatella Stt.; *E. cerusella* Hb.; *E. arundinella* Zell.
  Cosmopteryx Lienigiella Zell.
    Diptères........ {
  Agromyza nigripes Meig.; *A. laminata* Loew.
  Phytomyza geniculata Macq.

C. Pucerons suçant les feuilles :

    Aphis Arundinis Fb. : forment des groupes denses à la face supérieure des feuilles en juillet et en août.

D. Chenilles dévorant les feuilles : très nombreuses, les plus fréquentes sont :

    Lépidoptères.... {
  Arsilonche albovenosa Goeze.
  Senta maritima Tausch.
  Plusia Festucæ L.

Malheureusement le Dr O. Kirchner n'indique pas de remèdes pour combattre ces nombreuses maladies.

9. Exploitation.

(A) *Récolte.*

La date de la récolte et les moyens employés pour l'exécuter varient suivant l'usage auquel on destine les *Roseaux*.

α. *Fourrage et litière.* — Dans le Bas-Languedoc et la Provence, le fond de l'alimentation des chevaux et mules employés aux travaux agricoles est constitué par le *Roseau;* on leur en donne ordinairement une botte de 2 kilogr. 500 en moyenne par repas; ils en utilisent environ 1 kilogramme par botte, et les refus passent à la litière (H. de Lapparent [32], p. 41).

Pour cet usage, on coupe les Roseaux de la *fin de juin* au mois d'*août;* les feuilles et l'extrémité des tiges sont alors vertes et tendres.

Cette opération se fait ordinairement à la faux, au ras du sol, après avoir mis le marais à sec. Dans les grandes exploitations, dont le terrain est assez ferme pour supporter le poids d'une machine, on emploie des moissonneuses-javeleuses, comme celle du cliché (pl. XXXII, D), pris chez M. C. Chaffin, en Camargue, le 2 août 1906. Cet instrument, de la marque Johnston, coupe 4 hectares par jour avec deux paires de chevaux ou de mules qui travaillent alternativement pendant deux heures chacune, toute la journée.

Dans les marais de Fos (Bouches-du-Rhône), dont le sol reste toujours mou, on coupe ces Roseaux verts, qu'on appelle *repassage*, à l'aide d'une forte serpe, à manche plus ou moins long, nommée *poutet* (pl. XXXI, C) [p. 206], et pl. XXXIII (p. 220). Quand il y a trop d'eau, on fait la récolte en bateau. Les Roseaux sèchent, étendus sur le sol, pendant quatre à six jours, puis des femmes les lient, sans les trier en général (ce serait trop coûteux), en bottes de 2 à 3 kilogrammes, de 50 centimètres de tour. On les vend, à l'état sec, sur place, de 2 francs à 2 fr. 25 les 100 kilogrammes, suivant le prix du foin. Quand le Roseau est mêlé de Joncs ou autres herbes, sa valeur diminue beaucoup.

En Suisse, on ne coupe en juin, comme fourrage, que l'extrémité supérieure de la tige; la partie inférieure reste sur pied et n'est récoltée, pour la litière, qu'en automne (Stebler [64], p. 94).

Les Roseaux perdent, par la dessiccation, à peu près 50 p. 100 de leur poids (Gasparin [23], t. IV, p. 392) [60 p. 100 le 15 juillet, 25 p. 100 seulement le 1ᵉʳ octobre, d'après mes propres recherches].

β. *Litière seule.* — Presque tous les pays où abonde le *Phragmites communis* l'utilisent comme litière.

Sur les côtes méditerranéennes, on coupe le Roseau pour litière pendant toute la seconde moitié de l'année, de juin à décembre, et même en hiver jusqu'en mars quelquefois. La récolte se fait, comme pour le fourrage, soit à la faux, soit avec le *poutet*, soit à la moissonneuse-javeleuse, sur un terrain sec et ferme, ou en bateau avec la faux.

On laisse sécher les Roseaux sur le sol pendant quatre à cinq jours, puis des femmes le mettent en bottes, maintenues avec un seul lien. A Vendres (Hérault) pour couper et lier 100 bottes de 1 kilogramme environ, que l'on vend 1 fr. 50 sur place, on paye 1 franc la main-d'œuvre.

On fauche les Roseaux, dans la Basse-Loire, en septembre, et on les lie en bottes de 5 à 6 kilogrammes, vendues 8 à 12 francs les 104 bottes, suivant le cours de la paille.

En Suisse, on fait souvent l'opération en deux fois, en coupant d'abord la moitié supérieure des tiges, puis ce qui reste au ras du sol, à la fin d'octobre ou en novembre. Par les temps pluvieux, pour hâter la dessiccation, on dresse les chaumes en moyettes (*Tristen*, en allemand), maintenues en leur milieu par un piquet.

On recommande de faucher le *Phragmite* le plus tard possible, afin de lui permettre d'amasser dans ses racines et rhizomes les réserves nécessaires à l'alimentation de ses premières pousses au printemps suivant. Dans bien des cas, il suffit de couper le Roseau plusieurs fois pendant l'été pour le faire disparaître en peu de temps. Pourtant, à Uznach (en amont du lac de Zurich), certains prés-litières de Roseaux sont fauchés régulièrement en juin et en octobre, et leur vigueur ne semble pas diminuer. Cela tient, sans doute, aux conditions exceptionnellement favorables dans lesquelles ils se trouvent au point de vue de l'humidité et de la richesse du sol. Délius ([12], p. 202) dit même qu'on peut couper le Roseau trois fois dans l'année.

Le même auteur, à la suite de Schwertz et de I. Pierre ([43], p. 199), recommande de sectionner les tiges de Roseaux *au-dessus* du niveau de l'eau, pour éviter que celle-ci, pénétrant par les ouvertures du chaume, n'aille pourrir les racines. Cependant, dans certaines régions (Camargue), où les *Phragmites* sont souvent coupés en hiver, au fond de l'eau, on m'a assuré que cette pratique ne nuit en rien à leur vigueur.

Dans les pays froids, on retarde quelquefois la récolte jusqu'au moment où les marais sont couverts d'une couche de glace assez épaisse pour supporter les ouvriers; l'opération est alors beaucoup plus facile, mais les gelées et la neige diminuent souvent la valeur de la litière.

γ. *Sagnes*. — Sous le nom de *sagne*, on désigne, en Camargue, les tiges de *Roseaux communs* destinées à deux sortes d'emplois :

1° La *sagne-cabane* sert à faire des couvertures de chaumières;

2° La *sagne-abri* constitue des *abris* contre le mistral pour les cultures maraîchères des Bouches-du-Rhône, de Vaucluse et des côtes de Provence, des paillassons grossiers pour protéger contre le froid les chargements de légumes à destination du nord de l'Europe, ou pour couvrir les châssis vitrés des horticulteurs. Ces deux variétés de *sagne* sont récoltées dans la Camargue avec le *poutet*; un homme peut en couper de 200 à 250 kilogrammes par jour.

1° La *sagne-cabane* a un emploi de plus en plus restreint, par suite de la diminution des toitures en chaume. On la lie en *gerbes* formées chacune de 25 *manons* (poignées) qui doivent avoir environ 1 m. 50 (6 pans) de long. On les vend 14 à 15 francs les mille *manons*, dont la main-d'œuvre coûte 6 francs; ou bien on les vend sur pied de 4 à 5 francs les mille *manons* suivant la distance de la gare la plus proche.

2° Pour récolter la *sagne-abri*, on attend ordinairement que la feuille soit tombée. On la coupe d'octobre à février, en bateau, appelé *barcot*. Le batelier est chaussé de bottes de *paluniers* (sabots surmontés d'une tige en cuir). (Farcy [18]); il sectionne les Roseaux à leur base, au ras du sol, dans l'eau, à l'aide de la serpe à long manche, nommée *poutet*. Il choisit de préférence les tiges appelées *mâles*, c'est-à-dire ornées d'un beau plumet, indice de force et de solidité du chaume. Celui-ci doit avoir au moins 1 m. 70 (7 pans) de long; il a souvent 2 mètres à 2 m. 50.

Après avoir laissé sécher les Roseaux pendant quatre à cinq jours, les avoir triés et pelés, c'est-à-dire dépouillés de leurs feuilles et de leurs gaines [1], on les réunit en *manons* (poignées) de 8 centimètres de diamètre environ; 20 *manons* forment un *paquet* ou botte de 1 pan et demi

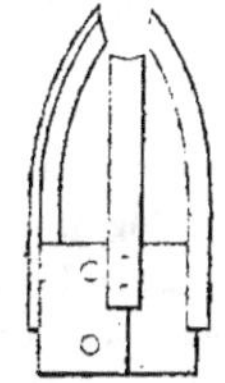

Fig. 147.
Racloir pour peler les roseaux.
(D'après Santoline.)

(37 à 40 centimètres) de tour mesuré au lien inférieur, placé à 25 centimètres de la base. Ces *paquets* pèsent de 4 à 8 kilogrammes suivant leur longueur qui ne doit pas être inférieure à 7 pans (1 m. 70). Ils sont maintenus par deux liens.

[1] On emploie souvent, pour cette opération, un *racloir* représenté dans la figure 147 (Santoline [52]), en vente chez M. Deville, vannier à Antibes (Alpes-Maritimes).

La main-d'œuvre coûte 7 francs pour 100 *paquets* qui sont vendus 15 francs sur place ou 25 francs rendus à Arles. De là on les expédie sur toutes les côtes de Provence, principalement vers Nice, Cannes, Hyères, où les horticulteurs les emploient sous forme de paillassons pour protéger leurs primeurs ou recouvrir leurs châssis.

Les clichés de la planche XXXIII montrent les diverses phases de la récolte des *sagnes* (coupage, secouage, liage) dans les marais de Fos, à l'Est de la Camargue, auxquels se rapportent les dimensions et les prix ci-dessus. A l'Ouest, chez M. C. Chaffin, les *paquets* de *sagne* sont un peu plus gros : 60 centimètres de tour au lien inférieur; leur poids va de 7 à 12 kilogrammes, quand on les coupe, et se réduit à 5 kilogrammes en moyenne à l'état sec. Dans cette localité, le propriétaire, sans avoir à s'occuper de rien, reçoit 8 francs par 100 *paquets* des entrepreneurs, qui ont à payer en plus 8 francs pour leur fabrication et 4 francs pour le charroi. Les 100 *paquets* reviennent donc à 20 francs aux entrepreneurs.

Les tiges sèches de Roseaux, de l'année précédente, sont très demandées depuis quelque temps pour mettre dans le fond des bateaux, dans la cale, à la place des paillassons qui étaient jusqu'ici employés à cet usage.

En Allemagne, la récolte des Roseaux pour constructions commence dès le 1er octobre, comme dans les Bouches-du-Rhône.

δ. *Balais.* — C'est à la fin de juillet ou au mois d'août qu'on recueille en Camargue les plumets frais pour en confectionner les balais.

(B) *Rendement des Roselières.*

Le *Phragmites communis* est, de toutes les plantes dont nous aurons à nous occuper, celle qui peut donner les rendements les plus élevés. Le Dr Stebler cite, sur de petites surfaces, un produit de 26,000 kilogrammes par hectare ([64], p. 93); pour peu que le sol soit de bonne qualité, on obtient facilement, dit-il, 15,000 kilogrammes de Roseaux secs par hectare. Gasparin ([23], t. IV, p. 392) donne le chiffre de 20,000 kilogrammes obtenu par G. Sinclair.

Sur le littoral méditerranéen, notamment en Camargue, où le *Phragmite* couvre des milliers d'hectares, on admet comme rendement moyen 5,000 kilogrammes de *fourrage* sec; le produit total (fourrage et litière) est à peu près double et il atteint 20,000 kilogrammes dans les bonnes parties.

En se basant sur le chiffre de 5,000 kilogrammes seulement, et sur le prix moyen de 2 francs les 100 kilogrammes, on obtient un produit brut de 100 francs. Si l'on compte 25 francs pour les frais de coupe et de liage, il reste 75 francs pour l'exploitant. En fait, on trouve à vendre les Roseaux sur pied, en Camargue, à 50 francs par hectare, mais la valeur locative des marais roseliers n'y est guère que de 30 francs en moyenne; même, lorsque leur exploitation présente des difficultés particulières, comme dans les marais de Fos, le prix de ferme descend à 18 ou 20 francs l'hectare. Le terrain des Roselières vaut 600 à 700 francs l'hectare; il valait 1,000 francs avant la mévente des vins (Farcy [18], p. 933).

M. Cyprien Chaffin, qui possède en Camargue 166 hectares de marais, a bien voulu me faire connaître, le 21 décembre 1908, les rendements de ses Roselières : sur 150 hectares en rapport, il a obtenu par hectare les résultats suivants : sur

RÉCOLTE DES ROSEAUX
DANS LES MARAIS DE FOS (BOUCHES-DU-RHÔNE)
(22 JUILLET 1907.)

B. Coupe d'une poignée de *Sagne-abri* à l'aide du *poutet*.

D. Liage du Roseau (*Sagne-abri*).

A. Un *manon* de *Sagne* (Roseau) et le *poutet* (serpe).

C. Secouage de la poignée de la figure B.

UTILISATION DES ROSEAUX PHRAGMITES POUR CONSTRUCTIONS.

A. Case d'habitation en terre et *Phragmites* couverte de *Cladium mariscus* et de *Schœnus nigricans*. Amposta (Espagne), 12 juillet 1907.

B. Étable et porcherie. Mêmes matériaux et mêmes localité et date que pour la figure A.

C. Chaumière à parois (partie) et toit en *Phragmites*, Saint-Joachim (Loire-Inférieure), 20 août 1907.

D. Toits de maison et de meule de fourrage (Hooimÿt) en *Phragmites* Ankeveen (Hollande), 30 mai.

3o hectares (1/5), 3,ooo kilogrammes; sur 9o hectares (3/5), 6,ooo kilogrammes; sur 3o hectares (1/5), 12,ooo kilogrammes. Il récolte les Roseaux pour fourrage et litière en été, pour *sagne* en hiver; pendant l'été 1908 l'eau ayant couvert constamment ses marais, il a dû faire tout couper pour *sagne*. Le prix de revient *net* des 1oo kilogrammes, soit de fourrage, soit de *sagne*, est de 1 fr. 6o. Le revenu *net* de 1 hectare de Roseaux est donc de 48 francs dans les endroits les moins bons, de 96 francs dans la majeure partie (plus de la moitié) et de *192 francs* dans les meilleurs points, qui ne sont pourtant pas des exceptions puisqu'ils occupent environ 3o hectares. Il est probable qu'en perfectionnant l'aménagement des eaux et peut-être en apportant quelques engrais, on pourrait obtenir un rendement aussi élevé, sinon plus, dans toutes les parties de ces marais. Tels qu'ils sont, le produit net moyen de ces 15o hectares est de 1o6 francs par hectare, qui a été acheté 85o francs : c'est donc un revenu de 12.5o p. 100; quelle est la culture qui rapporte autant?

Dans la Loire-Inférieure, où les Roselières sont beaucoup moins développées qu'en Camargue et d'un accès plus facile, elles acquièrent une valeur bien supérieure. Sur les bords de la basse Loire, en aval de Nantes, les marais roseliers sont couramment affermés, pour l'exploitation de la litière, de 16o à 18o francs l'hectare, c'est-à-dire presque autant que les prairies voisines, où l'on engraisse de nombreuses bêtes bovines, et qui se louent de 18o à 2oo francs l'hectare.

10. UTILISATION.

Le *Phragmites communis* a des usages très variés, industriels, agricoles ou autres.

(A) *Industrie.*

α. Les *Roseaux communs* ont été employés de tout temps comme *matériaux de construction* dans tous les pays où ils abondent : ils ont été utilisés pour les murailles de Babylone, à raison d'une couche par chaque 3o assises de briques. Aujourd'hui, ils constituent la totalité des chaumières (sol, parois, toiture) dans certaines contrées de l'Asie, de l'Afrique et de l'Amérique du Sud. Plus près de nous, les huttes de pêcheurs et même les fermes des parties marécageuses de l'Espagne sont formées en majeure partie de Roseaux. (Voir les clichés A et B, pl. XXXIV, pris à l'embouchure de l'Èbre) de même en France, par exemple dans la Grande Brière [Loire-Inférieure] (pl. XXXIV, C). L'Allemagne, l'Autriche, la Hongrie, la Hollande, etc., ne sont pas non plus dépourvues d'habitations de ce genre. C'est surtout pour les toitures (*Schilfdach*, *Dekriet*) que les Roseaux sont encore le plus employés dans ces pays (pl. XXXIV, D).

Reliés avec du plâtre, les *Phragmites* servent à faire, dans l'intérieur des maisons, des plafonds ou des cloisons d'un usage très fréquent en Allemagne et en Suisse (*Schilfbretter*).

En Afrique, des ponts de Roseaux permettent de traverser les rivières (SCHROETER [21], p. 42).

β. Dans la *petite industrie*, on fabrique avec le *Roseau commun* des liens, des nattes, des paillassons, des corbeilles, des paniers, des sièges même, en le fendant et en le tressant; des bobines pour le lin, le chanvre ou le coton; des peignes de tisserands;

des enveloppes de crayons; des embouchures de clarinettes, des flûtes de Pan; des allumettes; des stores, en enfilant de petits morceaux de Roseaux sur des ficelles.

Les *tiges* les plus droites et les plus solides, dépouillées de leurs feuilles, fournissent des hampes de flèches, jadis pour les soldats, maintenant pour les enfants; des baguettes d'artificiers : le village de Grisolles (Tarn-et-Garonne) en expédie dans les villes voisines, Toulouse notamment, au prix de 3 francs le mille, pour faire des fusées.

Les *panicules* (panaches, plumets) sont utilisées pour la fabrication de balais (d'où le nom de *Roseau à balais*), de plumeaux pour épousseter, de bouquets pour l'hiver, quelquefois teints artificiellement de diverses couleurs.

γ. La *médecine* a recours aux propriétés thérapeutiques de la racine, ou plutôt du rhizome et de la base des tiges de *Phragmites*, dans les cas de goutte, de rhumatisme, de gravelle, etc. Les pharmaciens vendent ce produit sous le nom de *Radix Arundinis*, à l'état sec, en morceaux légers, creux, de couleur jaune paille, et à grandes rides longitudinales. On l'emploie en décoction, comme sudorifique et dépuratif, à raison de 30 à 60 grammes par litre (A. Bossu [5], p. 430; Dorvault [14], p. 807). C'est un succédané des racines de *Chiendent*.

δ. On peut extraire du *Roseau commun* deux sortes de *teintures* : l'une, de couleur jaune, est tirée des feuilles; l'autre, fournie par la panicule, sert à teindre la laine en vert.

ε. Comme nous l'avons vu (p. 167), la *fabrication de la pâte à papier* sera probablement le principal débouché des Roselières dans quelque temps, car la consommation du papier augmente de jour en jour, et les matières premières les plus utilisées jusqu'ici s'épuisent rapidement.

« La matière textile (du *Phragmites communis*) est constituée par les filaments fibrovasculaires de la tige, et donne une matière première d'assez bonne qualité. Les tiges traitées par les mêmes procédés que l'*Arundo donax* (voir p. 229) donnent des résultats analogues, soit un rendement d'environ 40 p. 100 en pâte blanchie et sèche.

« *Caractères micrographiques.* — Fibre allongée, à membrane mince. Extrémités effilées. Cette fibre, qui se présente sous forme d'un fuseau arqué, est contournée souvent sur elle-même. Elle est mêlée à de nombreuses cellules parenchymateuses et à des fragments de vaisseaux et de trachées. Longueur des fibres, 4 à 6 millimètres; diamètre, 0 millim. 025. Canal très largement ouvert. Coloration : iode et acide sulfurique : jaune claire; chlorure de zinc iodé : violette. » (Rostaing, etc. [50], p. 65).

M. Everling, directeur de la revue *Le Papier*, et traducteur du grand traité de C. Hofmann, *Praktisches Handbuch der Papierfabrikation*, en cours de publication, a bien voulu me confier la partie de cet ouvrage relative à la fabrication du papier de Roseau, et m'autoriser à en donner la traduction, qu'il n'a pas encore faite, et que l'on trouvera aux *Annexes* (p. 234).

Nous rappelons que, d'après les chiffres fournis par M. Everling et le rendement moyen des Roseaux dans le midi de la France, il suffirait de 300 hectares de Roselières pour alimenter une fabrique de papier, qui pourrait payer les Roseaux 1 fr. 50 les 100 kilogrammes.

(B) *Agriculture.*

L'agriculture utilise le *Phragmites communis* comme fourrage, litière, engrais, ou de diverses autres manières.

α. *Fourrage.* — Les pousses tendres du *Roseau commun* constituent un bon aliment, surtout pour les Équidés, chevaux et mulets, qui apprécient beaucoup sa saveur sucrée ; les contrées viticoles de la région méditerranéenne, qui manquent souvent d'autre fourrage, en font une grande consommation pour l'entretien de leurs animaux de travail, comme nous l'avons vu page 217.

On reproche au Roseau d'être purgatif pour les autres animaux de la ferme, bovins et ovins.

Les analyses suivantes, extraites de l'ouvrage de Dietrich et König ([13], p. 21 et 46), montrent que le *Phragmites communis* a une grande valeur alimentaire :

DÉSIGNATION.	PARTIE ANALYSÉE.		
	CHAUME. (séché à l'air.) — Année 1855.	FEUILLES. (séchées à l'air.) — Année 1859.	ROSEAU VERT. (P. 46.) [auteur : pasqualini.] — Année 1875.
	p. 100.	p. 100.	p. 100.
Protéine	10.7	15.8	3.8
Graisse brute	3.1	″	1.3
Extractifs non azotés	38.0	″	8.5
Cellulose brute	40.0	″	19.6
Cendres	8.0	″	6.0
Azote dans la substance séchée	1.7	2.5	″
Amidon	″	″	9.5
Sucre	″	″	0.96
Eau	″	″	49.6

Les jeunes pousses de Roseau, à leur sortie de terre, sont volontiers consommées par le bétail au pâturage : les taureaux sauvages de la Camargue, entretenus pour les courses, les recherchent avec soin, mais c'est aux dépens de l'avenir de la Roselière : le *Phragmite* ne tarde pas à disparaître quand il est ainsi coupé à mesure qu'il pousse. Le pâturage est le meilleur procédé à employer pour transformer en prairie un terrain gagné par le Roseau sur les vases fluides des bords des fleuves ou des lacs.

Les propriétés purgatives du Roseau sont surtout accentuées lorsque les feuilles sont attaquées par certains champignons, notamment *Scirrhia rimosa* Fuck, qui s'y développe assez souvent (Schreiber [56], p. 24).

D'après le Dr Albert (Königsberg), le Roseau jeune est avantageusement conservé par l'*ensilage*, en opérant exactement comme pour le maïs-fourrage, dont la composition et la valeur alimentaire sont très analogues [1].

____

[1] *Deutsche Landw. Presse*, 1909, I, p. 270.

β. *Litière.* — On utilise comme litière, soit les *Roseaux* tout entiers, soit les parties que le bétail laisse dans le râtelier. Cette litière est peu appréciée en général, à cause de sa dureté et de sa décomposition difficile, malgré sa richesse en matières minérales et son grand pouvoir absorbant pour les liquides, qui atteint la valeur de 235 p. 100 (la paille de seigle absorbe 323 p. 100 de son poids).

γ. *Engrais.* — La haute teneur du *Roseau* en éléments de fertilité en fait un bon engrais, surtout quand il a servi de litière. Dans les six analyses citées par le Dᴿ Stebler ([64], p. 93), d'après Wolf, Grete, et ses propres recherches, la proportion de ces éléments varie entre les limites suivantes, dans la litière de Roseaux, avant qu'elle soit passée sous les animaux :

DÉSIGNATION.	MINIMUM.	MAXIMUM.	MOYENNE.
	p. 100.	p. 100.	p. 100.
Azote...	0.32	1.11	0.65
Cendres.......................................	3.65	7.30	5.00
Acide phosphorique............................	0.12	0.32	0.19
Potasse.......................................	0.06	0.76	0.45
Chaux	0.14	0.62	0.32
Magnésie......................................	0.05	0.58	0.20

Les chiffres donnés par MM. Müntz et Girard[1] (*Engrais* [42], t. I, p. 205 et 494) sont compris dans les mêmes limites, sauf pour l'azote, dont la proportion moyenne est plus élevée : 1.1 p. 100 (p. 205). D'après I. Pierre ([43], p. 199), la teneur en azote serait de 0.27 p. 100 pour les Roseaux frais et 1.07 p. 100 pour les Roseaux secs. Dans les six analyses publiées par Dietrich et König [13], cette teneur va de 1.2 à 2.5 p. 100, suivant l'âge ou la partie du Roseau analysée.

Les cendres de *Phragmites communis* sont très riches en silice : elles en contiennent de 60 à 78 p. 100; à cette particularité est due en grande partie la rigidité des feuilles et la rudesse de leurs bords finement dentelés.

[1] Voici le résultat des analyses faites dernièrement par M. A.-Ch. Girard, professeur à l'Institut national agronomique, rapportées à 100 de matière verte fraîche. J'avais recueilli les échantillons sur les rives du Tarn, à Marssac (Tarn) :

DATE DE LA RÉCOLTE.	DESTINATION.	PARTIE ANALYSÉE.	EAU.	CENDRES.	SILICE.	ACIDE PHOSPHORIQUE.	CHAUX.	POTASSE.	AZOTE.	MATIÈRE AZOTÉE.	MATIÈRE GRASSE.	CELLULOSE.	SACCHAROSE.
			p. 100	p. 100	p. 100	p. 100	p. 100	p. 100	p. 100	p. 100	p. 100	p. 100	p. 100
15 juillet avant floraison.	Fourrage.	Feuilles.	64.16	3.49	1.77	0.148	2.39	0.483	0.91	5.68	0.23	8.48	10.94
		Tiges...	63.36	1.62	0.78	0.061	1.94	0.392	0.195	1.22	0.12	15.26	8.98
1ᵉʳ octobre après floraison.	Litière...	Feuilles.	34.00	9.82	6.82	0.198	2.01	0.406	1.27	7.96	0.59	15.17	23.30
		Tiges...	31.30	3.82	3.14	0.047	0.827	0.168	0.23	1.45	0.22	18.63	18.71

Gasparin ([23], t. I, p. 555) insiste sur la valeur des Roseaux comme engrais, en s'appuyant sur les analyses de Payen :

« Coupé au moment de la floraison et séché sur place, tel qu'on le livre au commerce, il contient encore 20 p. 100 d'eau, plus ou moins selon le degré de dessiccation. A l'état normal, il renferme 0,75 p. 100 d'azote, près de 3 fois autant que la paille de froment, et à l'état sec, 1,068, c'est-à-dire qu'à l'état normal il représente, poids pour poids, presque le double du fumier de ferme non desséché. Réduit par la macération au même degré d'humidité que le fumier, sans adjonction d'un mélange animalisé, il a 0,267 p. 100 d'azote, c'est-à-dire un peu plus de la moitié du fumier de ferme qui en a 0.40. En 1842, les gerbes de roseaux pesant 2 kilogrammes se vendaient 4 francs le 100, ou 2 francs les 100 kilogrammes, aux environs d'Arles. On avait ainsi l'azote au prix de 2 fr. 67. On fume souvent les oliviers, en Provence, en plaçant à leurs pieds des gerbes de roseaux. Cet engrais dure deux ans avant d'être entièrement consumé. On s'en sert pour litière et on les soumet à la fermentation pour obtenir un engrais plus soluble. »

Il est curieux de constater que le prix des Roseaux n'a guère varié en Camargue depuis plus de soixante ans. I. Pierre (*loc. cit.*) dit que les Roseaux mettent 10 ans à se décomposer.

Le fumier de Roseaux, à cause de sa décomposition très lente, convient particulièrement aux pommes de terre, surtout en terrain argileux, parce qu'il maintient le sol meuble. Il est employé aussi avec avantage dans les vignes : « Dans les vignobles de la rive droite du Rhône, on creuse de longues fosses, à une profondeur telle que la charrue n'y puisse atteindre; ou y étend un lit de roseaux secs, que l'on recouvre de terre. Ces fosses, d'environ 2 mètres de largeur, sont espacées d'environ 20 mètres, parce qu'on fait, l'année suivante, une fosse semblable à côté de la première, de manière que tout le champ a été ainsi fumé pendant une rotation de dix ans que mettent ces roseaux à se consommer. On attribue en partie la renommée des vins de Saint-Georges à cette pratique, qui ne date pas de bien loin ». (I. Pierre [43], p. 199.)

δ. Autres emplois agricoles. — Clôtures. — Abris. — Le *Phragmites communis* sur pied constitue des *haies vives* épaisses; elles ont l'avantage d'abriter du vent les animaux qui pâturent dans les prés humides entourés de Roseaux.

Coupé, il est utilisé encore comme *clôture* (pl. XXXI, B, p. 206), d'où vient son nom de *Phragmites* (du grec φράγμα); les horticulteurs, en Provence notamment, en font un grand usage pour garantir leurs cultures contre le terrible mistral, leurs semis contre les gelées ou les ardeurs du soleil; on l'emploie aussi comme *tuteurs*, comme *armatures* pour protéger le tronc des arbres contre la dent des lapins et du bétail.

Dans les pays froids, les Roseaux servent à préserver les vignes de la neige et des gelées.

Enjoncage. — Depuis l'invasion phylloxérique, les vignobles plantés dans les sables littoraux, soustraits aux ravages de l'insecte, font une grande consommation de Roseaux pour l'*enjoncage* : cette opération a pour but d'empêcher le sable sec d'être emporté par le vent, après le labour exécuté à la fin de l'hiver. Elle consiste à répandre sur le terrain des Roseaux, Joncs ou autres plantes palustres, que l'on enfonce à moitié dans le sol avec une pelle ou au moyen d'une machine spéciale, l'*enjonceuse* : cet instrument

est composé d'une série de disques tranchants en fer, fixés sur un essieu à environ
30 centimètres de distance les uns des autres, qui font pénétrer les Roseaux dans la
terre en roulant au-dessus d'eux. [Un modèle d'*enjonceuse* est figuré dans le *Cours de
viticulture* de FOEX (1895, p. 744).] L'*enjoncage* a pour but de fixer les terres jusqu'au
moment où les pluies d'automne viennent leur rendre une certaine stabilité; on emploie environ 1,000 gerbes de Roseaux pour 1 hectare.

Empaillage. — Les terrains salés du bord de la mer, après avoir été dessalés par des
apports d'eau douce, au besoin combinés avec des drainages bien compris, sont sujets
à devenir stériles si on n'empêche pas le sel qui imprègne le sous-sol de remonter par
capillarité à la surface, avec les eaux qui l'ont dissous, et de s'y concentrer par suite de
l'évaporation de l'eau. Il faut donc chercher à diminuer l'évaporation et la capillarité.
Pour diminuer l'*évaporation*, les agriculteurs de la Camargue ont depuis longtemps
l'habitude de couvrir leurs champs, tant que la végétation n'est pas assez développée
pour les ombrager, avec un *embolage*, ou *empaillage* ou *appaillage*, c'est-à-dire avec
une épaissse couche de *Roseaux*. On en emploie de 10,000 à 20,000 kilogrammes par
hectare, suivant la quantité dont on dispose.

Pour diminuer la *capillarité*, si les labours profonds ne suffisent pas, on peut recourir à un procédé qui a toujours réussi à M. MAIFFREDY, au Mas de Vert (Camargue):
il défonce à o m. 70 et enterre au fond du sillon un lit de Roseaux qui, rompant
l'action capillaire par une large solution de continuité, forme un obstacle invincible à
l'ascension du sel; l'opération ne coûte que 100 francs par hectare (RISLER [46],
t. IV, p. 240).

ε. *Transformation des Roselières en prés fourragers.* — Lorsqu'un terrain est trop mou-
vant pour supporter tout d'abord des prairies fourragères, on peut le raffermir par la
plantation préalable des *Phragmites*. Quand le sol est suffisamment consolidé par le lacis
de leurs racines et rhizomes, il est facile de le transformer en herbages ou en prairies
de fauche. Il suffit pour cela de couper fréquemment les Roseaux dans le courant de
l'année, ou de les faire pâturer dès le printemps. Les animaux, en pâturant, contribuent aussi à tasser, à affermir le sol. Si l'on veut hâter la conversion de la Roselière
en prairie, il est bon de drainer le terrain, d'y apporter des engrais, des composts
ou des terreaux, et d'y semer un mélange de graines de légumineuses et de graminées, approprié à la nature du sol.

(C) *Emplois divers du* Phragmites communis.

En dehors de son utilisation dans l'industrie et dans l'agriculture, le *Roseau commun*
a encore quelques emplois plus ou moins importants.

α. *Aliment pour l'homme.* — D'après POIRET ([44], t. II, p. 434), l'homme lui-
même, dans certaines contrées, mange les jeunes pousses de Roseau, ou bien il réduit
les racines en farine et en fait un pain grossier, quand les autres aliments sont rares.

β. *Chasse et pêche.* — Les oiseaux aquatiques et les poissons trouvent dans les fourrés
de Roseaux une retraite sûre pour se dérober à la poursuite de leurs ennemis, à l'ex-

ception toutefois de l'homme lui-même : les Roselières sont réputées pour la chasse, et celle-ci y est souvent louée à des prix élevés. Beaucoup d'oiseaux y nichent en sécurité, par exemple le *Bruant des roseaux*, les Rousserolles, Hérons, Canards de diverses espèces, Bécassines, etc.

Les poissons aussi trouvent dans le bas des chaumes et les racines des *Phragmites* des endroits très favorables pour déposer leurs œufs; aussi recommande-t-on, **quand on veut établir un étang à poissons, d'y planter des Roseaux** pour constituer les *frayères*.

γ. *Colmatage*. — Sur le bord des lacs et des rivières, les massifs de *Phragmites* apportent un grand obstacle à l'agitation de l'eau, dont le calme favorise la précipitation des limons qu'elle tient en suspension : il s'opère donc un colmatage entre les tiges de Roseaux, et le sol s'y exhausse peu à peu.

Les racines et les rhizomes des Roseaux forment bientôt un tel enchevêtrement dans la vase à mesure qu'elle se dépose, que les eaux des crues ultérieures **ne peuvent plus** l'entraîner.

Cette action du Roseau s'étend très loin, puisque ses pousses horizontales atteignent dans l'eau jusqu'à 15 mètres de longueur. Dans les eaux assez calmes et sur des sols favorables à son développement, le Roseau peut provoquer des atterrissements jusqu'à 2 m. 50 de profondeur, exceptionnellement 3 mètres : il est facile de calculer la grande étendue de terrain qu'il est possible de gagner ainsi grâce à lui, sur les rives à pente douce de certains lacs. On rend l'extension du *Phragmite* plus rapide en le semant ou en le plantant comme nous l'avons vu (p. 214) : c'est ce que l'on fait si avantageusement par exemple sur les bords de la basse Loire et du bas Rhin (Rotterdam), ou sur les rives du lac de Constance.

δ. *Protection des rives*. — Les rives dénudées des fleuves et des lacs sont constamment rongées par l'eau, qui les entraîne quelquefois sur une grande largeur en temps de crue. Au contraire, une bordure de *Roseaux* les protège complètement. Leurs tiges serrées plient sous la force du courant, mais retardent sa vitesse, et les parties souterraines des plantes consolident assez le terrain pour l'empêcher d'être emporté.

L'action protectrice du *Phragmites communis* est particulièrement utile à l'embouchure des rivières du Nord, qui charrient fréquemment des glaçons : ceux-ci exagèrent fortement la puissance corrosive de l'eau, mais sont arrêtés par les tiges dures des Roseaux. M. Massart a mis en relief ce rôle important dans son ouvrage sur les *Alluvions de la Belgique*, où le texte est complété par des photographies très nettes ([40], p. 444, 450, etc.).

ε. *Combustible*. — Enfin, dans certaines contrées d'Allemagne, de Hollande, etc., où les Roseaux abondent, on les utilise en hiver comme combustible.

b. *Arundo Donax* L., grand roseau.

Nom botanique : *Arundo Donax* Linné et presque tous les auteurs postérieurs.
Latin classique : *Arundo* (pro parte).
Allemand : *zahmes Schilf; zahmes Rohr, schalmeyen Rohr, spanisch Rohr*, etc.

6.

Arabe : *Qçba.*

Espagnol : *Caña comun.*

Italien : *Canna; Canna montana.*

Français : *Grand Roseau; Roseau à quenouille; Roseau-Canne; Canne de Provence; Carabèno* (Hérault).

Figures : 145 (p. 209) et 148.

Beaucoup de passages des auteurs anciens (Grecs et Latins) peuvent se rapporter aussi bien au *Grand* qu'au *Petit Roseau.* Leur distinction que nous avons vue plus haut (p. 209) demande en effet une certaine attention [1], et leurs usages sont presque les mêmes : les jeunes pousses du *Grand Roseau* sont consommées par le bétail comme celles du *Phragmite.* Toutefois les dimensions supérieures et la plus grande résistance du *Roseau-Canne* le font préférer pour la confection de clôtures, de piquets, de tuteurs, de cannes à pêche.

Celles-ci font l'objet d'une importation considérable, soit d'Espagne, soit surtout d'Italie.

Les *Cannes* d'Espagne viennent en France principalement de Ulldecona (province de Tarragone), Figueras, Elne (France); elles sont plus grosses que celles de France, mais moins fortes, moins pleines que celles d'Italie, d'où certaines communes du Var (Cogolin, Saint-Maxime) en importent de grandes quantités. La région de Fréjus, Saint-Raphaël, Saint-Tropez, en produit aussi beaucoup.

Les *Grands Roseaux* des bords de l'étang de Vendres (Hérault) sont vendus à Béziers 1 franc le fagot de 1 mètre de tour, pesant 10 à 12 kilogrammes; on laisse aux tiges toute leur longueur; ceux des marais de Fos (Bouches-du-Rhône) sont vendus au même prix; on en fait des lignes et des tuteurs pour les jardins et les vignes, ils servent notamment à soutenir les sarments d'aramon pour éviter que leurs grosses grappes traînent à terre : dans ce but on coupe les Roseaux à 40 ou 50 centimètres de longueur en donnant à leur extrémité la forme d'une fourche.

Fig. 148.

Arundo Donax L.

Grand roseau, canne de Provence
(Penzig).

[1] L'*Arundo Pliniana* Turn. (fig. 149). espèce voisine de l'*A. Donax*, ressemble encore plus que lui au *Phragmites communis*, par ses dimensions plus faibles (moins de 1 m. 50) et ses feuilles à bords rudes. Elle en diffère, entre autres caractères, par sa ligule, courte mais pas nulle, et par les oreillettes de la base du limbe, beaucoup plus courtes toutefois que dans l'*Arundo Donax.* Elle se trouve dans les mêmes régions que l'*Arundo Donax*, mais elle y est plus rare.

On fabrique aussi avec les *Arundo Donax* des caisses d'emballage, des paniers pour expédier les fromages (ceux de Roquefort par exemple), des chalumeaux, des baguettes d'artificiers. Pour ce dernier usage on préfère encore les Roseaux d'Italie, notamment ceux de la Calabre, et de la vallée de Salerne près de Naples : on les paie 1 franc le 100, de 4 à 5 mètres de long; ils ont les nœuds beaucoup plus écartés que ceux de France, trop noueux pour faire de bonnes baguettes de fusées.

Enfin, le *Grand Roseau* peut servir aussi, de même que le *Roseau Phragmite*, à la fabrication du papier :

«Comme pour le Bambou, la matière textile est constituée par des filaments fibro-vasculaires épars au milieu du tissu parenchymateux du chaume et de ses appendices. La pâte d'*Arundo Donax* employée dans des fabriques de papier, plus spécialement en Amérique, Espagne et Italie, donne une fibre souple, longue, d'un feutrage facile, per-

Fig. 149.

Arundo Pliniana Turr. (Coste.)

mettant de produire de beaux papiers. Les tiges, dont le blanchiment exige certaines précautions et l'emploi de procédés un peu spéciaux, produisent à l'état de siccité normale 38 à 40 p. 100 de pâte blanchie et sèche» (Rostaing, [50], p. 64).

Les racines ou plutôt les rhizomes, riches en fécule et en sucre, et la base des tiges de *Canne de Provence*, sont employés en pharmacie comme diurétiques, diaphorétiques, antilaiteux; on les vend 2 francs le kilogramme.

Nous n'insisterons pas davantage sur le *Grand Roseau*, car ce n'est pas, à vrai dire, une plante de marais. Il aime les sols sablonneux frais ou humides (Coste, Willkomm et Lange, etc.), le bord des eaux, mais ne peut supporter sans souffrir le séjour prolongé *dans l'eau* (Schkuhr) [1].

Il pourrait être utilisé dans les marais du Midi pour garnir les digues, les talus situés au-dessus du niveau de l'eau. Ses racines maintiennent les terres et les empêchent d'être entraînées par la pente ou par le courant.

C'est une plante méditerranéenne qui ne résiste pas aux hivers froids du Nord de la France, à moins qu'on ne recouvre sa souche de paille ou de fumier.

On *multiplie* souvent le *Roseau-Canne* par boutures de rhizomes, ou par marcottage en buttant le pied des tiges pour y faire développer des racines et des rejets que l'on transplante quand ils sont bien racinés. A partir de quatre ou cinq ans après la plantation, on doit couper chaque année, à la fin de l'hiver, les tiges agées d'un an : alors seulement elle ont acquis toutes leurs qualités pour la vannerie. Pour d'autres usages, exigeant une solidité plus grande, la *canne* doit être laissée au moins *deux ans* sur pied. Elle peut atteindre 5 à 6 mètres de long, sur 5 à 6 centimètres de diamètre à la base.

---

[1] Contrairement aux indications de quelques auteurs sérieux (Schrader, Fl. Germ.; Koch, Syn., Fl. Germ.; Smith, Gr. Prod., etc.), Bubani, au cours de sa longue vie voyageuse, n'a pas rencontré, dans le Sud de la France et l'Italie, l'*Arundo Donax* dans les marais proprement dits («*in palustribus*»), mais dans des stations plus ou moins humides l'hiver, souvent sèches en été, associé aux *Lycium europaeum* (Lyciet), *Paliurus australis*, *Punica granatum* (Grenadier), et surtout aux *Peupliers* et aux *Saules* (Flora Pyrenæa, t. IV [1901], p. 303).

Le *rendement* va jusqu'à 3o,ooo kilogrammes, et même, paraît-il, 100,000 kilogrammes de matière sèche par hectare, dans les situations favorisées (Santolyne [52], p. 497).

c. Bambou.

Sous le nom général de *Bambou*, on désigne un ensemble de plantes de la famille des Graminées, qu'on a réunies pour former la sous-famille des *Bambusacées*. Le *Genera plantarum*, de Bentham et Hooker (1883), ne distingue pas moins de 171, espèces

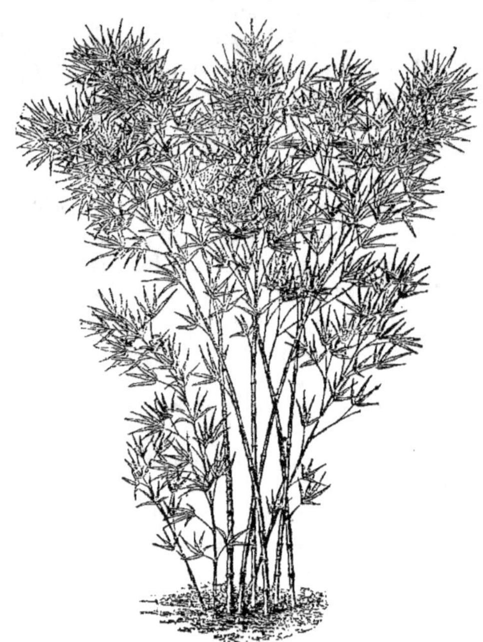

Fig. 150.
Bambusa viridi-glaucescens
Bambou (Hariot).

de Bambous réparties en 22 genres. Elles sont répandues sur un grand nombre de régions plus ou moins chaudes du globe, à l'exclusion de l'Europe, où quelques espèces ont cependant pu être acclimatées. Toutes ont un air de ressemblance et se distinguent facilement des autres Graminées (fig. 150 et pl. XXXV).

«Ce sont des végétaux ligneux, à tige souterraine rhizomateuse, dont les bourgeons produisent des chaumes *ligneux*, fistuleux et munis de nœuds. Suivant les espèces, ces chaumes peuvent varier de o m. 5o à 3o mètres de hauteur, munis de branches, qui, elles-mêmes, produisent des *ramifications secondaires*. L'inflorescence, extrêmement rare, est une panicule formée d'épillets. Les deux genres *Phyllostachys* et *Arundinaria*, à végétation vernale, ont pu être acclimatés en Europe. Les autres, à végétation autom-

Bambous (Indes Néerlandaises) [Janville.]

nale, ne peuvent se cultiver que sous les tropiques et dans l'hémisphère austral». (Rostaing [50], p. 63).

Le Bambou a été l'objet de nombreuses études, surtout depuis une quarantaine d'années (la *Monograph of Bambusaceae* du colonel Munro date de 1868). Deux remarquables monographies, notamment, me dispenseront de m'étendre sur la culture et les emplois de cette plante précieuse : la première du Dr Carl Schroeter [57], qui a condensé, en 56 grandes pages serrées et 28 figures coloriées, les caractères généraux et les innombrables utilisations des Bambous, dans le monde entier; la seconde, de MM. Aug. et Ch. Rivière, directeurs du jardin d'essai du Hamma à Alger. A la demande de la Société d'Acclimatation, MM. Rivière ont entrepris l'acclimatation de beaucoup d'espèces de Bambous; ils ont suivi pendant neuf ans leur végétation, et ont recherché les procédés à recommander pour les multiplier et les cultiver. Ce sont les résultats de ces études consciencieuses qu'ils ont publiés en 1878 [48].

Depuis lors, les essais de plantations se sont multipliés un peu partout, et une revue spéciale, «*Le Bambou*» [1 *bis*], a même été fondée en 1906 à Mons (Belgique) pour encourager et faire connaître les études, la culture et les emplois de cette Graminée.

Dès 1869, le baron J. Cloquet, membre éminent de la Société d'Acclimatation, écrivait à M. Rivière : «le Bambou sera un jour à l'industrie européenne ce que la pomme de terre est à l'alimentation». En effet, le Bambou, comme la précieuse Solanée, peut s'utiliser d'une foule de manières : il se prête à tous les usages du Roseau et à beaucoup d'autres encore; leur énumération n'occupe pas moins de 19 pages dans l'ouvrage de MM. Rivière et de 25 pages dans celui du Dr Schroeter; les fabricants de meubles, par exemple, en emploient des quantités considérables ainsi que les vanniers. On en fabrique aussi des manches de fouets, des cannes, etc. Les papeteries pourraient en faire une consommation bien plus grande, si elles trouvaient à s'alimenter dans le pays. «Cette matière première est employée de temps immémorial en Chine, au Japon et dans les Indes, où elle entre pour une très grande part dans la fabrication du papier. Les tiges, pesées à l'état de siccité normale, et traitées à l'aide de procédés mécaniques et chimiques spéciaux, fournissent une proportion de pâte blanchie variant entre 37 et 43 p. 100 suivant l'âge et l'espèce de la plante» (Rostaing, *loc. cit.*).

«Éclissé en filaments et carbonisé, le Bambou sert à la confection de lampes à incandescence.

«D'après M. Garrigues, qui fut un des premiers à exploiter industriellement le Bambou en France, dans les Basses-Pyrénées, une plantation arrivée en âge d'exploitation fournit une récolte tous les ans, sans autres frais que la coupe faite en jardinant pour enlever les tiges mûres et marchandes (c'est-à-dire poussées de l'année précédente) dont le nombre peut varier de 6 à 12 par mètre carré selon la variété[1]. Le produit net et sans aléa d'un hectare peut varier de 400 à 800 francs selon la qualité du terrain; du reste, le Bambou n'est pas exigeant sous ce rapport, et prospère dans des sols médiocres.

«Par ses racines fibreuses, très élastiques et traçantes dans tous les sens et plongeant jusqu'à plus de 1 mètre de profondeur, le Bambou rend de grands services; plus que

---

[1] L'auteur cite des ventes sur pied de Bambous pour cannes à pêche, au prix de 20 francs les 100 tiges de 4 à 6 mètres de long, 35 francs, de 6 à 10 mètres ([4], p. 757); coupées et ébranchées elles valent le double, si elles sont bien droites.

toute autre plante, il a la propriété de fixer et de retenir les terres des bords des rivières, des ruisseaux, canaux et fossés. Les racines portent des nœuds espacés de 2 à 10 centimètres. De chaque nœud part une couronne de racines secondaires qui, en se ramifiant à l'infini, forment un réseau compact qui soude, pour ainsi dire, les grains de terre que l'eau ne peut ni entamer ni désagréger. Mieux que les clayonnages, que les arbres, les Bambous sont capables de maintenir les rivières dans leur lit et d'éviter les dégradations dans les digues et les remblais» (BLANCHON [3], p. 746).

Les *Bambous* ont souvent été préconisés pour peupler les marais, dans la région méditerranéenne, et MM. RIVIÈRE eux-mêmes recommandent dans ce but ([48], p. 142) *Phyllostachys viridi-glaucescens* et *Arundinaria Simoni*, très rustiques et envahissants. Les Bambous aiment en effet l'humidité dans le sol, mais il ne faut pas ignorer que l'eau stagnante pendant l'hiver leur est fatale, car elle fait pourrir leurs racines (RIVIÈRE [48], p. 138). La revue *Le Bambou* (1906, fasc. I, p. 20) ajoute : «Ces plantes réclament beaucoup d'eau pendant la saison chaude, et peu pendant la saison froide. Pour concilier ces exigences avec notre climat (Belgique), il est nécessaire d'établir les Bambous dans un terrain bien drainé, *où l'eau ne séjourne jamais en hiver*, et de suppléer à la sécheresse estivale d'une telle situation, par la proximité d'une pièce d'eau, par des irrigations ou par des arrosages».

Dans une belle étude sur *La culture des Bambous dans le Sud-Ouest de la France*, commencée dans le n° 14 du *Bulletin* de la Société Dendrologique de France, M. HOUZEAU DE LEHAIE, fondateur de la revue *Le Bambou*, dit, p. 234 :

«A notre époque où l'on déboise inconsidérément, surtout pour la fabrication du papier, il semble que l'attention de beaucoup de gouvernements pourrait utilement se porter sur la culture des Bambous. Après 10 ou 15 ans seulement de plantation ils sont en plein rapport, et susceptibles de donner annuellement *les plus hauts rendements en fibres ligneuses dont les végétaux sont capables.*

«Malheureusement la culture des Bambous introduits jusqu'à présent dans nos jardins n'est pas possible avec le même succès dans toute la France. Les exigences culturales de ces végétaux peuvent se résumer comme suit : un sol profond, *s'égouttant bien pendant l'hiver*, de hautes températures d'avril à octobre, de l'irrigation ou des arrosages copieux pendant cette période.»

Comme on le voit, les conditions favorables au développement du Bambou sont très analogues à celles que réclame le *Grand Roseau* (*Arundo Donax L.*) : c'est une ressemblance de plus avec notre *Canne de Provence*, qu'on a surnommée à juste titre le *Bambou d'Europe.*

Le Bambou réussira donc et rendra de grands services en procurant de beaux revenus, si on le plante sur les bords des marais, sur les talus non submergés en hiver; il y formera des haies touffues, plus élevées que celles du Grand Roseau lui-même, qui abriteront mieux encore contre le vent et dont les produits seront plus rémunérateurs.

Mais il faudra se garder de le placer au milieu des espaces couverts d'eau pendant l'hiver, comme l'avait fait il y a une quinzaine d'années la Compagnie fermière des marais de Fos (Bouches-du-Rhône) : sur les indications d'un horticulteur spécialiste de Bambous, plus de mille pieds avaient été plantés; il n'en restait pas un seul vivant au bout de deux ou trois ans.

Dans les situations favorables on conseille de planter à 3 mètres en tout sens les espèces à racines traçantes qui garnissent rapidement le terrain, notamment *Phyllostachys mitis, quilioï, sulfurea,* pour cannes à pêche; *Ph. aurea, nigra* et *mitis* pour meubles, cannes et parapluies; *Bambusa metake* (= *Arundinaria japonica*) pour tuteurs.

Ces indications m'ont été gracieusement fournies par M. Fleury Percie du Sert, pépiniériste à Annonay (Ardèche), spécialisé depuis longtemps dans la culture du Bambou, qu'il cherche à propager surtout en vue de la papeterie.

La plantation doit se faire de décembre à février dans la région méditerranéenne; il faut attendre à la fin d'avril ou en mai dans le nord de la France.

Les cépées de Bambou sont placées dans des trous de o m. 60 de côté que l'on recouvre de 15 à 20 centimètres de terre. Sans autres soins, les rhizomes reprendront et drageonneront rapidement; au bout de deux à quatre ans le sol sera entièrement couvert.

(A suivre.)

ANNEXES.

I. Fabrication du papier de Roseau.

Hofmann (Carl). «*Praktisches Handbuch der Papierfabrikation*», 2ᵉ édition avec nombreuses figures dans le texte. «42ᵉ Lieferung, ausgegeben mit Nr. 52, Jahrgang 1896, der *Papier-Zeitung*[1].»

PARTIE VIII. — ROSEAU. – SORGHO À SUCRE. (p. 1630.)

571. Végétation et production du roseau.

Dans la contrée qui a reçu le nom assez significatif de «Dismal Swamp» («Marais sinistre»), et qui s'étend dans le voisinage de la mer, de Norfolk (Virginie) jusque vers Wilmington (Caroline du Nord), ainsi que le long des rivières de la Caroline du Nord et de la Caroline du Sud, et dans les basses régions du Mississipi, le sol est couvert, sur plusieurs milles de large, par un Roseau spontané qui porte le nom botanique de *Arundinaria macrosperma*. Il fournit une tige haute de 3 à 4 mètres presque blanche, qui semble constituée de fibres tenaces fortes. Les «terres de frayeur» qui en sont recouvertes ne paraissent pas propres à la culture de plantes plus utiles. Elles ont une étendue si énorme que l'on doit considérer la provision comme inépuisable, surtout si l'on remarque que trois ans suffisent au Roseau pour atteindre sa croissance complète.

La Société américaine «American Fibre Cᵒ» entreprit, vers 1870, d'utiliser cette matière première pour la fabrication du papier au moyen d'un procédé breveté. La «Norfolk Fibre Cᵒ» à Norfolk (Virginie), et la «Cape Fear Fibre Cᵒ» à Wilmington (Caroline du Nord) poursuivirent le même but.

La fabrique de la première société, que l'auteur a visitée, était située sur le canal du Dismal Swamp, non loin du chemin de fer de Norfolk et Weldon, à 5 milles anglais environ de Norfolk en droite ligne.

Le Roseau était coupé dans les marais le long du canal, de la même manière que le maïs, avec des faux. Les places où le Roseau formait un peuplement très épais étaient reliées, avec le canal par une voie formée de traverses, sur lesquelles étaient clouées des bandes de bois de 4 pouces carrés.

Les Roseaux, après avoir été écimés, étaient mis en bottes, et transportés sur des chariots jusqu'au canal; de là ils parvenaient à l'usine sur des bateaux plats qui pouvaient porter 150 «cords» (brasses). De cette manière, la récolte et le transport, faits par des nègres, ne coûtaient pas plus de 3 dollars (15 fr. 75) par tonne de Roseau rendu à la fabrique.

Là, les bottes étaient ouvertes sur le sol, purgées de toutes les impuretés, et réunies en paquets solides d'un pied de diamètre, qui étaient emportés de nouveau sur des rails de bois au bâtiment des canons.

[1] La traduction de cet ouvrage, fondamental pour la fabrication du papier, a été entreprise par M. G. Everling, éditeur à Paris et directeur de l'importante revue *Le Papier*, mais la publication de cette traduction est encore loin du passage qui nous intéresse. M. Everling a bien voulu me prêter le texte allemand, et m'autoriser à en publier la traduction que j'en ai faite. Je lui en exprime ici tous mes remerciements.

572. Mise en oeuvre du roseau.

La dissociation des fibres se faisait par le procédé de Lyman, breveté le 3 août 1858, de la manière suivante : de forts cylindres de fonte, des canons «*guns*» d'environ 6 m. 5o de long et o m. 3o de diamètre intérieur, à extrémités fermées par de lourds couvercles, étaient placés horizontalement sur un bâti solide. Pour les remplir, c'est-à-dire les charger, les couvercles de l'extrémité postérieure étaient enlevés, puis refermés après l'introduction d'autant de bottes de Roseaux que les canons étaient capables d'en recevoir.

La dissociation des fibres était obtenue en amenant, dans les canons, de la vapeur comprimée de 9 à 11 atmosphères, que l'on y maintenait pendant environ 12 minutes à cette tension indiquée par un manomètre, et alors, par un système que l'on appelait poignée «*trigger*» on écartait brusquement le couvercle qui fermait l'ouverture. Le «trigger» consistait en une barre de fer, qui s'étendait sous le canon, et qui, aussitôt qu'elle était tirée sur le côté, défaisait d'un seul coup les attaches de la fermeture. Le couvercle tombait aussitôt sur la terre molle étendue pour cela, et la vapeur s'échappait avec une telle violence qu'elle entraînait avec elle tout le Roseau. Les pores du Roseau étaient remplis de vapeur qui, par suite du subit dégagement dans l'atmosphère, se dilatait avec la plus grande violence, et effectuait ainsi une dissociation complète des fibres; toute la charge se répandait en cercle autour de l'ouverture jusqu'à une distance d'environ 9 mètres, en une masse de fibres brunes à odeur de sucre.

Le déchargement produisait une détonation qui s'entendait à plusieurs milles, comme le coup d'un gros canon, et le déplacement d'air était si violent, qu'il était impossible de rester debout dans la même salle sans se tenir solidement. On admet que, par suite de la température élevée de la vapeur, les parties ligneuses ou gommeuses sont dissoutes ou décomposées, avant que l'explosion ne dissocie les fibres du Roseau. Bien que l'explication théorique n'en ait pas été donnée, la puissance de dissociation du coup de canon est étonnante et agit, comme cela résulte de certains essais, sur le bois et sur d'autres plantes de la même manière que sur le Roseau.

La première difficulté qui se présenta résultait de ce que les canons remplis de Roseau n'offraient pas un espace suffisant à la vapeur, et l'on reconnut nécessaire, pour y rémédier, de placer par-dessus un dôme. Après beaucoup d'essais coûteux, et après que de nombreux canons furent allés à la vieille ferraille, on atteignit le but en munissant les canons de chapiteaux qui offraient de l'espace aux explosions. Le dôme consistait finalement en un cylindre qui avait même diamètre et même force que le canon, mais seulement la moitié de sa longueur, et dont un appendice en forme de T était relié par des boulons avec un appendice semblable du canon. Le dôme était horizontal et parallèle aux canons, placé à l'arrière (côté du chargement), et avait de plus, en dehors de l'ouverture qui le mettait en relation avec le canon, des dispositifs pour l'entrée de la vapeur et l'alimentation du manomètre.

Un canon avec un chargement de 1oo livres de Roseau pouvait être déchargé toutes les 15 minutes; le remplissage de 6 canons suffisait à occuper continuellement les ouvriers. Les 4 canons de la «Norfolk Fibre Cᵒ», dont un avait une dimension extraordinaire, pouvaient, en pleine exploitation, mettre en œuvre 16 à 24 tonnes (de 2,ooo livres) en 24 heures.

Les fibres obtenues étaient sèches, ressemblant à de l'étoupe, et leur poids était seulement un peu moindre que celui du Roseau, par suite des pertes sous forme de poussières et d'impuretés. Elles étaient empaquetées au moyen de fortes presses en balles d'environ 32o livres, et expédiées par bateau ou par chemin de fer. Elles fournissaient sous cette forme, sans traitement chimique ultérieur, un papier solide et spongieux, qui absorbait très avidement les liquides et se prêtait par suite particulièrement bien à la fabrication de carton pour toitures qui doit être imprégné de goudron. Elles étaient aussi utilisées abondamment pour cartons, papier d'emballage et surtout papier de construction, «building paper», en mélange avec d'autres matières. On a essayé également de les convertir comme la paille, en papier blanc, par la cuisson et le blanchiment; toutefois la grande proportion d'acide tannique ou de tannin que contient le

Roseau semble devoir rendre le blanchiment trop coûteux; du moins on n'a pas encore produit avec cette plante une quantité importante de matière blanche, quoiqu'on ait fait de nombreux essais dans ce but.

Comme le transport des fibres est assez coûteux, à cause du grand espace qu'elles occupent en proportion de leur poids, la «Cape Fear Fibre Cº» avait adopté une disposition par laquelle les fibres pouvaient former des paquets plus denses : les parties solubles dans l'eau étaient éliminées par un lavage dans une série de 4 auges à la suite l'une de l'autre, munies de rouleaux à la manière hollandaise.

Les fibres lavées étaient conduites sur une table à entraînement en toile métallique, par plusieurs paires de rouleaux de fer, dont la dernière était revêtue de caoutchouc. Ces rouleaux exprimaient toute l'eau éliminable par pression, et livraient les fibres en feuilles épaisses. Par suite de la séparation des gommes solubles et de toutes les impuretés, les fibres occupaient sous cette forme un volume d'un tiers inférieur au volume primitif.

Pour les dessécher, on effilochait les feuilles à tel point qu'elles pouvaient être jetées sur la table d'entraînement d'un «loup» qui les livrait déchiquetées sur une autre toile sans fin servant pour la dessiccation. Le séchoir (bâtiment) était long de 21 mètres et chauffé par 4 cylindres de vapeur horizontaux juxtaposés, au-dessus desquels la toile mobile circulait lentement. Après 20 minutes de ce cheminement, les fibres arrivaient sèches à l'extrémité et pouvaient être empaquetées en balles de 500 livres à l'aide d'une presse à foin.

II. Bibliographie.

LISTE DES OUVRAGES CITÉS DANS LE COURS DE CE RAPPORT.

1. Ascherson (P.) und Graebner (P.) [1896 et ss.]. *Synopsis der mitteleuropäischen Flora.* Leipzig, gr. in-8° (grand ouvrage en cours).

1 *bis. Bambou (Le)* [1906]. Son étude, sa culture, son emploi. (*Bull. périod.*, 1re ann.) Mons, in-8°.

2. Blanc (P.) [1908]. Nos marais et leurs produits. (*Le chéne*, n° 2, p. 66-71). Marseille.

3. Blanchon (H.-L.-A.) [1903]. Les avantages de la culture du Bambou. (*Agric. mod.*, p. 746.) Paris.

4. Blanchon (H.-L.-A.) [1908]. La vente des Bambous pour la confection des cannes à pêche. (*Petit Journ. Agr.*, p. 757.) Paris.

4 *bis.* Boitel (A.) [1887]. *Herbages et prairies naturelles.* Paris, in-8°, 786 p., 116 fig.

5. Bossu (A.) [1862]. *Traité des plantes médicinales indigènes.* 2° édit. Paris, 3 vol. in-8°.

5 *bis.* Brandicourt (V.) [1906]. Utilisation des Joncs et des Roseaux. (*Cosmos*, t. XV, n° 1142, p. 648-650, 2 fig.). Paris.

6. C. (D' A.) [1907]. Le paludisme dans les Dombes. (*La Nature*, II, p. 99.) Paris.

7. Carrier (1905). Méthode de dessalage des terres dans la région méridionale. (*Ann. Hyd. et Am. ag.*, F. 33, p. 111-125). Paris.

8. *Congrès international d'agriculture de Vienne de 1907.* Bericht... der Section II C (Moorkultur). Vienne, in-8°, 102 p.

9. Costantin (J.) [1898]. *Les végétaux et les milieux cosmiques.* Paris, in-8°, 292 p.

10. Coste (H.) [1900-1906]. *Flore descriptive et illustrée de la France.* Paris, 3 vol. in-8°.

11. Darwin (Ch.) [1862]. *De l'origine des espèces.* Trad. Royer. Paris.

12. Delius (A.) [1874]. *Die Cultur der Wiesen und Grasweiden.* Halle, in-8°, 212 p., 1 pl. col.

13. Dietrich (Th.) et König (J.) [1891]. *Zusammensetzung und Verdaulichkeit der Futtermittel.* Berlin, 2 vol. in-4°.

14. Dorvault et Würtz (Fr.) [1893]. *L'Officine, ou Répertoire général de pharmacie pratique.* 13° édit. Paris, gr. in-8°, 1488 p.

15. Drude (O.) [1897]. *Manuel de géographie botanique.* Trad. G. Poirault. Paris, in-8°, 552 p., 4 cartes.

16. Duchesne (E.-A.) [1836]. *Répertoire des plantes utiles et des plantes vénéneuses du globe.* Paris, in-8°, 570 p.

17. Dumont (J.) [1902]. *Les sols humifères.* Paris, in-8°, 160 p.

18. Farcy (J.) [1906]. L'exploitation des marais en Camargue. (*Journal de l'Agriculture*, II, p. 930-933.) Paris.

19. Flahault (Ch.) [1907]. Les progrès de la géographie botanique depuis 1884, son état actuel, ses problèmes. (*Progressus Rei Botanicæ*, I, p. 243-317.) Iéna, in-4°.

20. François (L.) [1908]. Les plantes aquatiques. (*Ann. des sc. nat.*, VII, p. 27-110.) Paris.

21. Früh (J.) et Schröter (C.) [1904]. *Die Moore der Schweiz mit Berücksichtigung der gesamten Moorfrage.* Berne, in-4°, xviii-750 p., 4 pl., carte. (Avec bibliographie citant 480 ouvrages sur la tourbe et les tourbières.)

22. Gadeceau (E.) [1908]. *Le lac de Grand-Lieu.* Nantes, gr. in-8°, 156 p., cartes, 8 pl., 35 photogr.

23. Gasparin (Cte de) [1858]. *Cours d'agriculture.* 3° éd. Paris, 6 vol. in-8°.

24. Gidel (P.) et Clarou (L.). [1906]. *Géographie générale.* Paris, in-12, 1100 p.

25. Hoffmann (P.) [1907]. Les textiles peu employés. (*L'industrie textile*, p. 367-371.) Paris.

26. Hofmann (C.) [1896]. *Praktisches Handbuch der Papierfabrikation.* 2° Ausg. 42° Lief. in-4°. (En cours.)

27. Houzeau de Lehaie (J.) [1908]. La culture des Bambous dans le sud-ouest de la France. (*Soc. dendr. de Fr.*, n° 14, p. 233-266, 7 phot.) Paris.

28. Jessen (C. F. W.) [1863]. *Deutschlands Gräser und Getreidearten.* Leipzig, gr. in-8°, 300 p., 467 fig.

29. Kerner von Marilaun (A.) [1905]. *Pflanzenleben*, 2ᵉ éd. Leipzig, 2 vol. in-4°.

30. Kirchner (O.) [1906]. *Die Krankheiten und Beschädigungen unserer landw. Kulturpflanzen.* 2ᵉ éd. Stuttgard, in-8°, 675 p.

31. Lapparent (A. de) [1900]. *Traité de géologie.* 4ᵉ éd. Paris, 3 vol. gr. in-8°.

32. Lapparent (H. de) [1907]. Les moteurs animés en viticulture. (*Rev. de vit.*, I, p. 41.) Paris.

33. Laroque (E. de) [1907]. *La récolte du riz en Italie et en Camargue.* Marseille, in-8°, 79 p.

34. Lecoq (H.) [1854-1858]. *Géographie botanique de l'Europe.* Paris, 9 vol. gr. in-8°.

35. Lecoq (H.) [1862]. *Traité des plantes fourragères.* 2ᵉ éd. Paris, in-8°, 503 p., 40 fig.

35 bis. Le Roux (M.) [1906]. *Le lac d'Annecy (Faune et Flore).* Annecy, in-8°, 43 p., 2 pl., 2 fig.

36. Lindet (L.) [1907]. La localisation de l'industrie chimique en France. (*Rev. scient.*, II, p. 257-264.) Paris.

37. Magnin (A.) et Hétier (Fr.) [1894-1897]. *Observations sur la flore du Jura et du Lyonnais.* In-8°, 282 p. Besançon.

38. Magnin (A.) [1904]. *La végétation des lacs du Jura.* Paris, gr. in-8°, xx-426 p., 210 fig., 17 pl., 2 pl. col.

39. Martonne (E. de) [1908]. *Traité de géographie physique.* Paris, gr. in-8°, 912 p., 396 fig., 48 pl., n., 2 cartes col.

40. Massart (J.) [1908]. *Essai de géographie botanique des districts littoraux et alluviaux de la Belgique.* Bruxelles, 2 vol. in-4°, 32 pl. doubles, 14 cartes.

41. Müller [1892]. Rohr. (*Mitt. d. Ver. z. Förd. d. Moorkultur im deutschen Reiche.*)

42. Müntz (A.) et Girard (Ch.) [1888-1891]. *Les engrais.* Paris, 3 vol. in-8°.

43. Pierre (I.) [1852-?]. *Chimie agricole.* 2ᵉ éd. Paris, in-12, 532 p.

44. Poiret (J.-L.-M.) [1825]. *Histoire des plantes de l'Europe.* Paris, 7 vol. in-8°.

45. Poisson (J.) [1903]. Observations sur la durée de la vitalité des graines. (*Bull. Soc. Bot. de Fr.*, p. 337-354.) Paris.

45 bis. Rich (A.) [1873]. *Dictionnaire des antiquités romaines et grecques.* Trad. Chéruel. In-8°, 740 p., 200 fig. Paris.

46. Risler (E.) [1884-1897]. *Géologie agricole.* Paris, 4 vol. gr. in-8°.

47. Risler (E.) et Wéry (G.) [1904]. *Irrigations et drainages.* Paris, in-12, 516 p.

48. Rivière (A. et Ch.) [1879]. *Les Bambous : végétation, culture, multiplication.* Paris, gr. in-8°, 365 p., 62 fig.

49. Ronna (A.) [1888-1890]. *Les irrigations.* Paris, 3 vol. in-8°.

50. Rostaing (L. et M.) et Fleury Percie du Sert [1900]. *Végétaux propres à la fabrication de la cellulose et du papier.* Paris, in-4°. 84 p., 50 pl.

51. Royer (Ch.) [1881-1883]. *Flore de la Côte-d'Or.* Paris, 2 vol. in-8°.

52. Santolyne (P.) [1908]. Le Roseau en Provence. (*Cosmos*, t. XL, n° 1266, p. 496-498, 6 fig.)

53. Schenk (H.) [1886]. *Die Biologie der Wassergewächse.* Bonn, in-8°, 162 p., 2 pl.

54. Schimper (A. F. W.) [1898]. *Pflanzengeographie auf physiologischer Grundlage.* Iéna, gr. in-8° xviii-876 p., 502 fig., 5 pl., 4 cartes.

55. Schkuhr (C.) [1791]. *Botanisches Handbuch*, 1ʳᵉ éd. Wittenberg, 3 vol. in-8°, 446 pl.

56. Schneider (H.) [1908]. IX. *Jahresbericht der Moorkulturstation in Sebastiansberg.* Staab, in-4°. 108 p., 10 pl., 21 fig.

57. Schröter (C.) [1885]. *Der Bambus und seine Bedeutung als Nutzpflanze.* Zurich, in-4°, 56 p., 1 pl. col.

58. Schröter (C.) et Kirchner (O.) [1896-1902]. *Die Vegetation des Bodensees.* Lindau, 2 vol. gr. in-8°.

59. *Statistique agricole de la France.* Enquête décennale de 1892. Paris, 1897, 2 vol. in-4°.

60. *Statistique agricole annuelle,* 1907. Paris.

61. Stebler (F. G.) et Schröter (C.) [1892]. *Versuch einer Uebersicht über die Wiesentypen der Schweiz.* Bern, gr. in-8°, 118 p., 30 fig., 1 pl.

62. Stebler (F. G.) et Schröter (C.) [1896]. *Les plantes fourragères alpestres.* Trad. Welter. Bern, in-4°, 201 p., 16 pl. col.

63. Stebler (F. G.) [1897]. *Die Streuewiesen der Schweiz.* Bern, gr. in-8°, 84 p., 32 fig., 2 pl.

64. Stebler (F. G.) [1898]. *Die besten Streuepflanzen.* Bern, in-4°, 148 p., 41 fig., 16 pl. col.

65. Van Tieghem (Ph.) [1891], *Traité de botanique.* 2ᵉ éd. Paris, 2 vol. gr. in-8°.

66. Vesque (J.) [1885]. *Traité de botanique agricole et industrielle.* Paris, in-8°, 976 p., 598 fig.

67. Viard (E.) [1908]. L'osiériculture et la vannerie dans la région de Lichtenfels. (*Bull. de l'Off. de rens. agr.,* p. 1249-1254.) Paris.

68. Warming (E.) [1902]. *Lehrbuch der ökologischen Pflanzengeographie.* 2ᵉ éd. Berlin, in-8°, 442 p.

69. Wollny (E.) [1902]. La décomposition des matières organiques et les formes d'humus. Trad. Henry (*Ann. agron.*). Paris.

www.ingramcontent.com/pod-product-compliance
Lightning Source LLC
LaVergne TN
LVHW020541060726
842525LV00004B/1264